マンガ 齋藤孝が教える「孫子の兵法」の活かし方

齋藤孝 監修

西東社

はじめに

孫子の兵法は2500年も読み継がれてきた世界最古の兵法書です。今まではリーダー必読の書と言われてきましたが、今の時代は誰もが読むべきだと私は思っています。

なぜなら、孫子の兵法からは、現代のいちビジネスマンに必要な「交渉術」や「現実的な思考力」を学ぶことができるからです。

孫子の兵法には、戦いに勝利するための手段が書かれています。そしてこの「戦い」は、大きくいえば「交渉」の一種と見ることができます。自分たちの利益を達成したいが、相手の利益と相反している、あるいは一致しない。そのときにどうするか――というのが、孫子の兵法全体のテーマとなっています。

ビジネスでも社内、社外にかかわらず、利益が必ずしも一致しない中で、どうにかして解決しなくてはならないという「戦い」が多いのではないでしょうか。孫子の兵法では、これらの戦いで完全勝利を目

写真：読売新聞／アフロ

指すのでなく、いかに「省エネ」で戦えばよいのかを、つまり「上手な交渉のやり方」を教えてくれるのです。

また、古典には珍しく、孫子の兵法では「時間」を重んじているところも特徴的です。「限られた時間の中でどうすればよいか？」という内容が非常に多い。「もたもたしていると大変なことになる！」と考えているのです。そのため、決断をしなければならないときに、「決断にベストなんてない」という考えから、「ベター」な選択をすべきだと説いているのです。

現代では「時間」という要素が非常に大きくなってきています。限られた時間、限られた資源の中でどうするのか、刻々と判断しなければなりません。そのときに「勝利とは何か」が問われたら、戦い切ることではなく、「うまく収めていく」ことなのだと私は思うのです。

本書では、こういった孫子の兵法の考えをマンガを通して学べます。そのエッセンスをくみ取り、日々の仕事の中で実際にどうすればよいのかを、多くの具体的なアイデアとともに紹介しています。本書を読んで孫子の兵法を知ることで、あなたの仕事が少しでもよくなることを願っています。

齋藤　孝

本書の見方

マンガ

とある電機メーカーを舞台に、社員たちが「**孫子の兵法**」を学ぶことで、社会人として成長していくストーリーです。

登場人物たちが学ぶ「孫子の兵法」の読み下し文と文意を紹介。

「孫子の兵法」の考えを活用しながら、仕事上の壁を乗り越えていく姿が描かれています。

解説&図解ページとリンクしています。

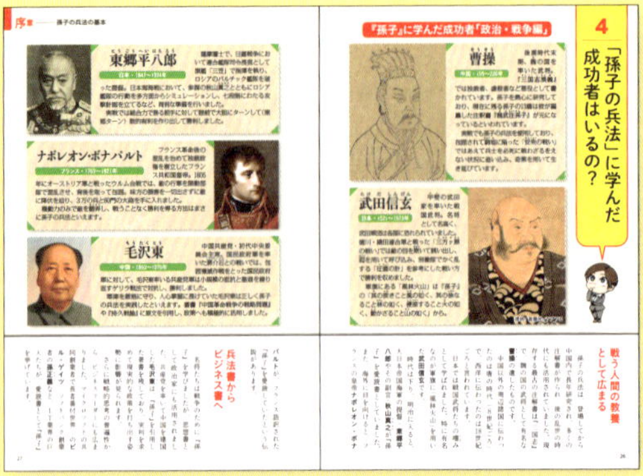

基本

序章 孫子の兵法の基本

『孫子』が書かれた経緯や、孫子の兵法を駆使した歴史上の人物を紹介。『孫子』の成り立ちや、なぜ仕事に役立つのかを知ることができます。

解説&図解

マンガに登場した「**孫子の兵法**」を解説しています。現場で実践できる具体的なアイデアも紹介しているので、明日からすぐに使うことができます！

ビジネスのシチュエーションごとに、全6章で「孫子の兵法」を分類！

漢文で書かれている『孫子』の読み下し文。声に出して読んでみましょう！

日々の仕事で
実践できるアイデアを
イラストや図で紹介！

重要ポイントが
赤線&太文字で
記されています。

マンガに登場した
「孫子の兵法」をビ
ジネスの現場に則
して解説！

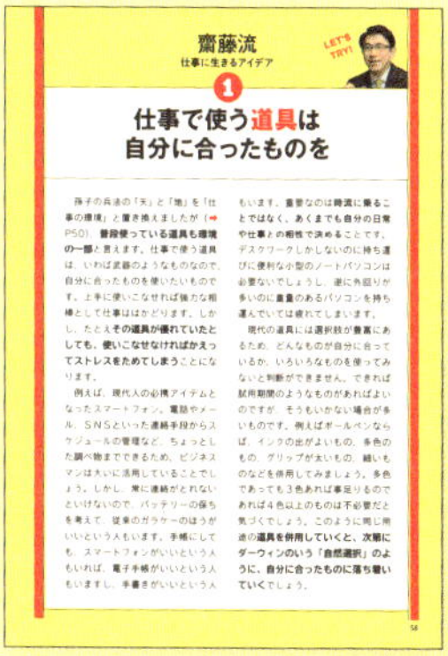

齋藤流

仕事に生きるアイデア

齋藤先生ならではの仕事に役立つライフハック術を各章末で学べます。すぐに試してみたくなるアイデアが盛りだくさん！

CONTENTS

序章

孫子の兵法の基本 11▼28

1章

環境編 社内の環境を整える秘訣 29▼58

2章

個人編 ビジネスマンとして成長するには

59▼90

3章

指導者編 リーダーとして成長するには

91▼122

4章 競争編 競争・交渉をうまく進める秘訣 123▼154

5章 失敗・挽回編 失敗したときの対処と予防 155▼186

6章 チーム編 チームをより強くする！ 187▼217

Chinatsu Asou

麻生《あそう》 千夏《ちなつ》

西東電機　商品企画二課所属

企画一課で頑張っていたが、お荷物部署の二課に配置転換される。物ごとをはっきり言う強気な性格で、それが災いすることも。

Ryota Miyakawa

宮川《みやかわ》亮太《りょうた》

西東電機　商品企画二課所属

社会人２年目の新人。明るく元気な性格。仕事のやる気はあるが、経験不足で空回り気味。高津の大学の後輩で、よくいじられている。

Saito

斉藤《さいとう》

西東電機　商品企画二課　課長

とても思慮深く穏やかな人物。人脈も広く、周囲から慕われている。古典に通じており、麻生らに孫子の兵法の考えを伝える。

序章

孫子の兵法の基本

The basic volume

高《たか》津《つ》武典《たけのり》

西東電機　商品企画二課所属

社会人６年目で宮川と本多の先輩。元営業部で、仕事のスタンスはノリ重視。宮川のことを気に入っている。

本多《ほんだ》摩季《まき》

西東電機　商品企画二課所属

社会人４年目。言いたいことをはっきり言えず、引っ込み思案な性格で人見知り。地味な仕事もコツコツこなす。

幸田《こうだ》ツトム

西東電機　商品企画二課所属

社会人６年目で高津と同期。パソコンやプログラムにくわしく、給料の大半をＰＣパーツにつぎ込んでいる。

プロローグ
ス…
西東電機の ある一室
孫子の兵法
今回の プロジェクト どうかね？
孫子の兵法
準備は 整って ございます
うむ
任せたぞ
孫子の兵法

西東電機
本社ビル
新しい年度が始まった
西東電機
商品企画一課
麻生千夏《あそうちなつ》（）
今年も新企画通せるように頑張ろう！

○○発○○号
20××年○月○日

麻生千夏 殿

株式会社西東電機
取締役社長 松平和信

辞令

20××年○月○日をもって、商品企画二課勤務を命ずる。

以上

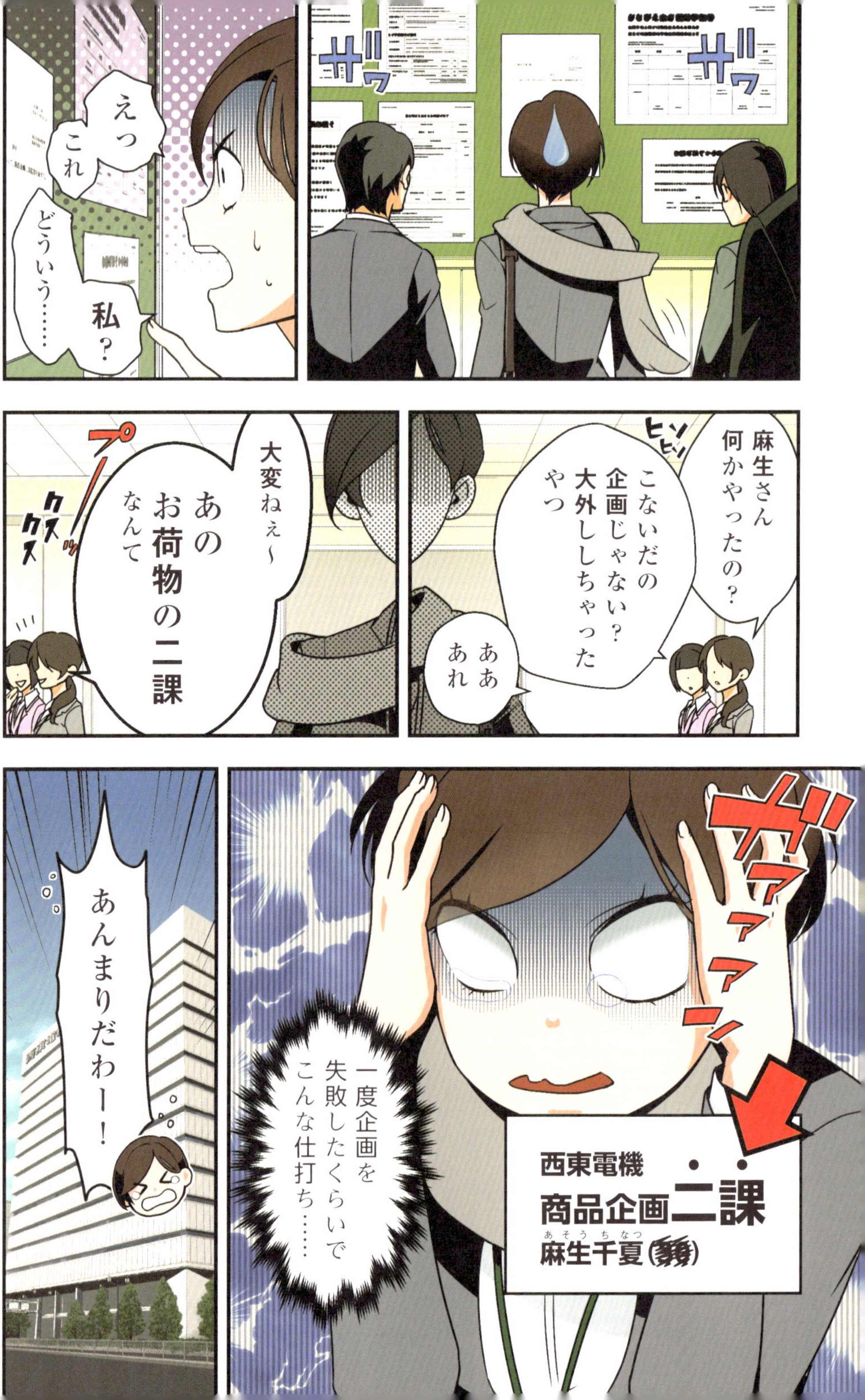
ザワ
ザワ
えっ これ
どういう……
私？
麻生さん何かやったの？
こないだの企画じゃない？大外ししちゃったやつ
ヒソヒソ
ああ あれ
大変ねぇ～
あのお荷物の二課なんて
プーッ
クスクス
ガァァァーン
一度企画を失敗したくらいでこんな仕打ち……
西東電機
商品企画二課
麻生《あそう》千夏《ちなつ》（）
あんまりだわー！

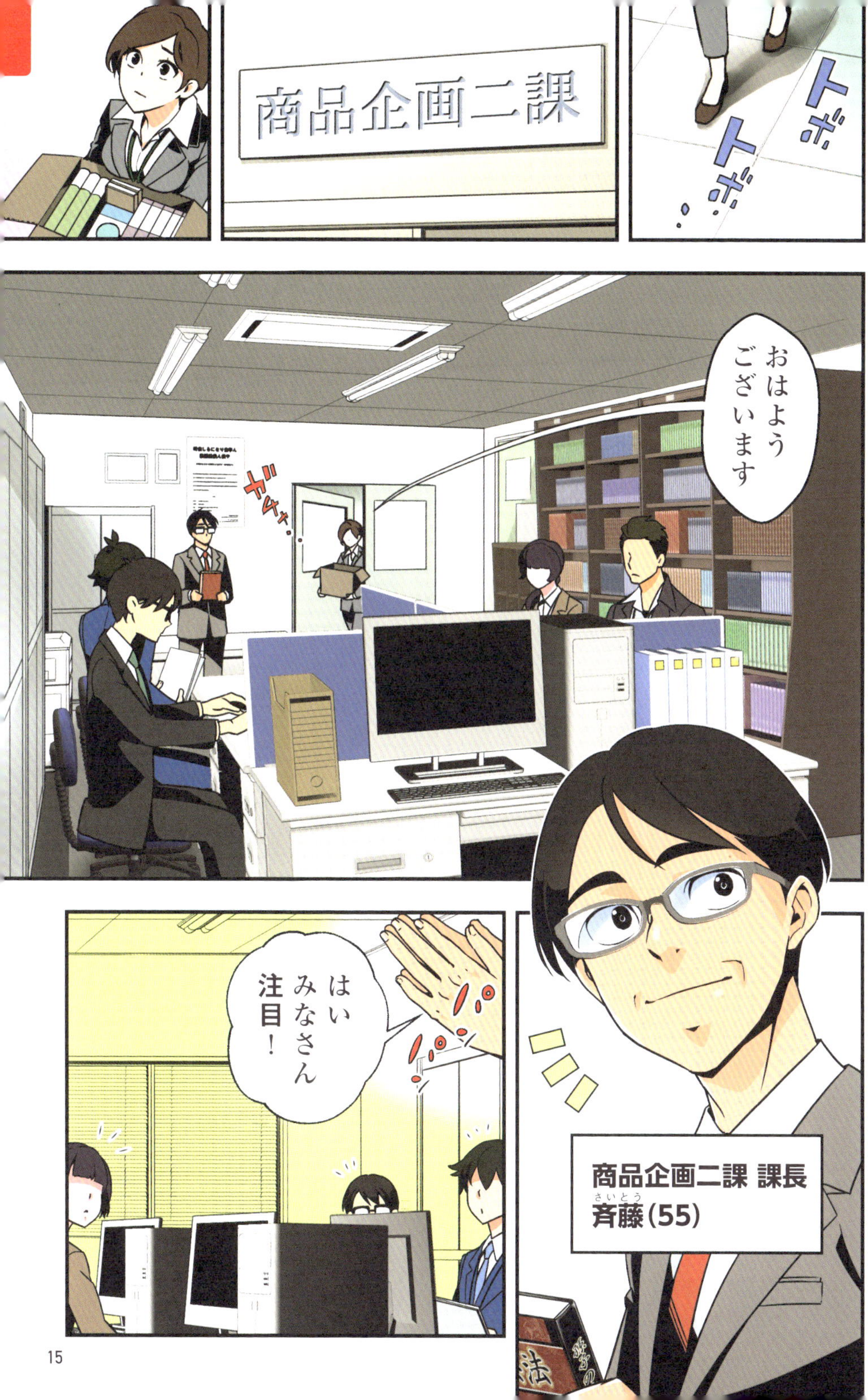
トボ
トボ
商品企画二課
ガチャ..
おはようございます
商品企画二課 課長
斉藤《さいとう》(55)
はい みなさん 注目!

今日から この課に 仲間が増えます
企画一課にいた 麻生さんです
麻生さん あいさつを
あ 麻生です
本日づけで 商品企画二課へ 配属されました
これまでは——
宮川亮太《みやかわりょうた》（23）
本多摩季《ほんだまき》（25）
高津武典《たかつたけのり》（28）
幸田《こうだ》ツトム（28）

――ですので
これからよろしくお願いします
パチ
パチパチ
みなさんなかよくね
パチ…
そしてさっそくだけど
新商品のコンペに
この**課**からも
企画を**出**すことに
なりました
ええぇっ
コンペ…
麻生さんは
一課さんのほうで
経験あるから
コンペなんて
この課のが採用されたことありましたっけ?
当て馬だよ
当て馬
リーダーってことでよろしくね

ええっ!?
ザシャッ
課のメンバーのこと何も知らないのに
私がリーダー!?
テキトーにすませますか
そーね
それで麻生さんこれ読んでおいてね
スッ
孫子の兵法
孫子の兵法
はははぁ……

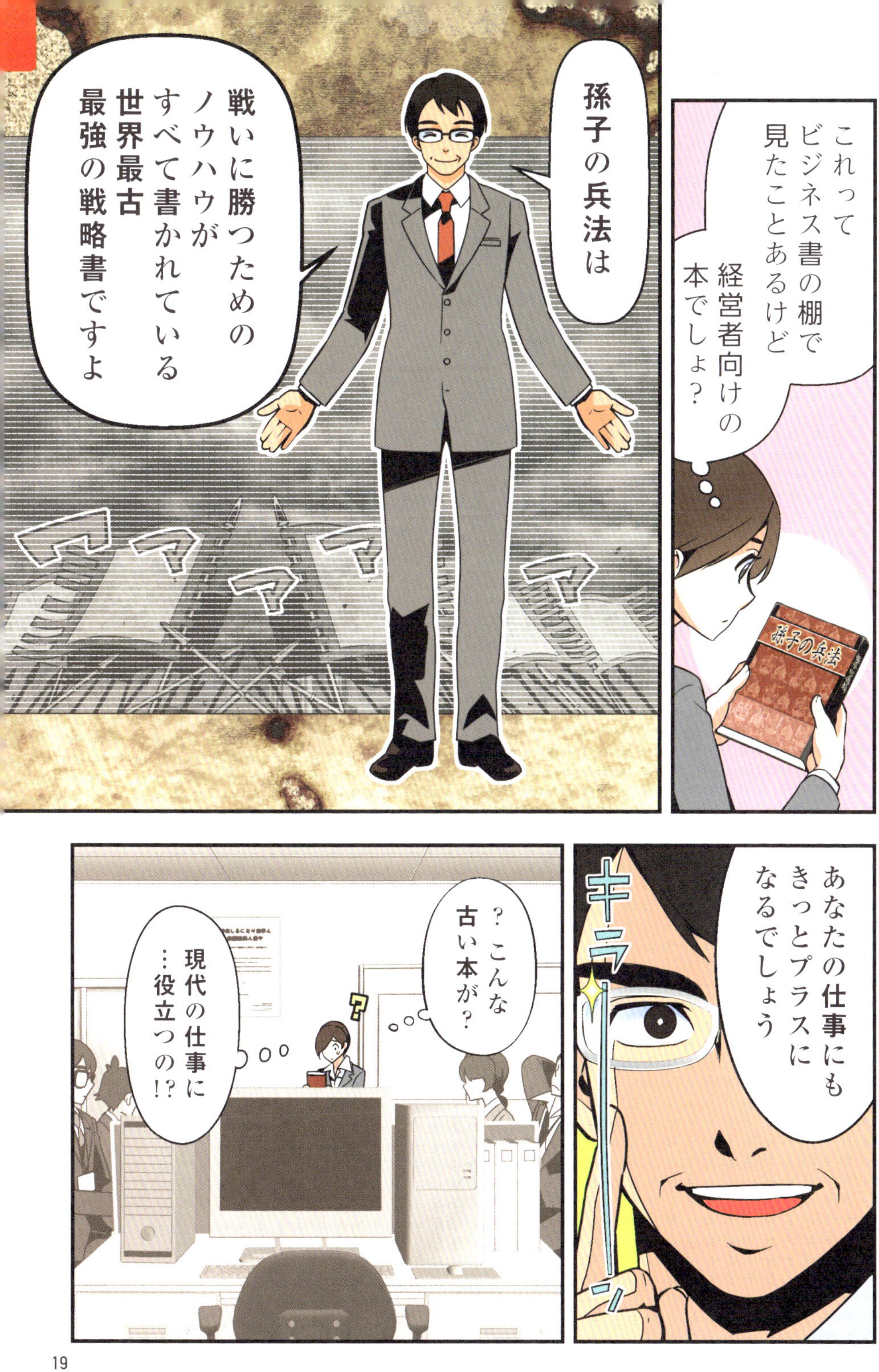
これってビジネス書の棚で見たことあるけど経営者向けの本でしょ？
孫子の兵法
孫子の兵法は
戦いに勝つためのノウハウがすべて書かれている世界最古最強の戦略書ですよ
あなたの仕事にもきっとプラスになるでしょう
キラ
？ こんな古い本が？
現代の仕事に…役立つの!?

1
「孫子の兵法」ってどうやって生まれたの？

「孫子の兵法」が生まれた春秋時代の国々
春秋時代は紀元前722年頃から前473年頃まで続いた小国家が乱立する動乱の時代。戦いが儀礼的なものから、実利を求めるものへと変化した時代でもある。
薊《けい》
燕《えん》
斉《せい》
臨淄《りんし》
衛《えい》
曹《そう》
晋《しん》
朝歌《ちょうか》
陶丘《とうきゅう》
宋《そう》
曲阜《きょくふ》
曲沃《きょくよく》
秦《しん》
周《しゅう》
鄭《てい》
魯《ろ》
鄭州《ていしゅう》
商丘《しょうきゅう》
成周《せいしゅう》
宛丘《えんきゅう》
陳《ちん》
上蔡《じょうさい》
蔡《さい》
呉《ご》
姑蘇《こそ》
楚《そ》
郢《えい》
会稽《かいけい》
越《えつ》
新興国である呉《ご》が中原《ちゅうげん》の大国と互角に渡り合えたのは、古い考え方にとらわれずに「孫子の兵法」を取り入れたおかげ。

兵法書『孫子』は当時の武人の必読書

孫子の兵法とは中国の春秋時代（紀元前722〜473年）に呉《ご》の王・闔閭《こうりょ》に仕えた兵法家・**孫武《そんぶ》の書き記した兵法書『孫子』のことをいいます。**孫武の名声は群雄割拠の戦国期にはすでに知られており、『荀子《じゅんし》』や『尉繚子《うつりょうし》』、『韓非子《かんぴし》』といった戦国から秦・漢にかけての書物にその名や文章が引用され、武人の必読書となっていました。前漢が成立したあとも歴史家・司馬遷《しばせん》（紀元前145〜86年ころ）の記した**『史記《しき》』の孫子呉起列伝で紹介**され、軍事に携わる人にとってのベストセラーとなりました。

記録がまったくない謎の原作者

しかし、孫武その人について

『孫子』を書いた孫武とその影響

紀元前	
七七一	**西周**が滅び
	中原が小国分立状態に
六三二	**晋**が**楚**を破り中原の覇者に
六世紀末	**晋**の体制が崩壊し
	中原の対立が激化
	江南地域で**呉**・**越**が台頭
五一一	**孫武が呉王闔閭《こうりょ》に仕える**
	呉王闔閭が**楚**の侵攻を開始
五〇六	**呉**が**楚**の郢を陥落させる
	呉越戦争のはじまり
四九六	越王に勾践《こうせん》が即位
	呉と**越**の決戦で**呉**が負ける
	呉王闔閭戦死、呉王に夫差《ふさ》が即位
四九四	呉が**越**を破る
四八八	**呉**が**魯**を攻めて半属国とする
四八七	**呉**が**魯**軍を破る（城下の盟）
四八四	**呉**が**斉**軍を破る
四八二	呉王夫差が中原の盟主となる
四七五	**越**が**呉**に侵攻、都を三年包囲
四七三	呉王夫差が自決、**呉**滅亡
五世紀半〜	**韓**・**魏**・**趙**・**斉**・**楚**・**燕**が
	中原を争う
三五三	**趙**が**斉**に救援を求め
	斉の軍師・孫臏の策により
	魏を破る
三四一	魏趙連合に攻められた**韓**が
	斉に救援を求め孫臏の策により**魏**を破る
三一二	**秦**が台頭、紀元前二二一年に
	秦王の政《せい》が始皇帝として即位

提供：akg-images/アフロ

春秋時代の兵法家

孫武《そんぶ》

斉《せい》国出身の兵法家であり思想家。紀元前535年に生まれたとされ、斉国の王族のひとつ田《でん》氏の一族といわれている。一族の反乱時に斉から亡命。兵法家としての力量を呉《ご》の宰相・伍子胥《ごししょ》に認められ、呉の都の郊外で孫子の兵法にあたるものを記している。

伍子胥のすすめで呉の王・闔閭に軍事顧問として招かれた際、宮女を兵士に見立てた軍事演習を行った。ふざけて命令を聞かない者を斬首にするなど、軍令の大切さと将軍の威厳を示し、あらためて兵法家としての力量を王に認めさせたというエピソードが『史記』に書かれている。

の記録はまったく残っておらず、「本当に孫武が『孫子』の作者なのか」「架空の人物ではないか」という議論がくり返されてきました。さらに、孫武より150年ほど後の時代に登場した有名な**兵法家・孫臏《そんびん》もまた孫子と呼ばれており**、本当の作者はこの孫臏なのではないかという説も有力視されていました。

謎の多い作者ですが1972年になって、山東省《さんとうしょう》の前漢時代後期の墓から大量の竹簡《ちくかん》（細切りの竹をヒモでつづって文章を書いたもの）が発見されました。この中に、現在伝えられている『孫子』とほぼ同じ内容の兵法書と、孫臏の作となっている別の兵法書が見つかりました。これにより**孫臏の書いた兵法書は『孫子』とは別のものであったことが明らか**になり、『孫子』の作者論争に決着がついたのです。

2

「孫子の兵法」はどんな内容なの？

13篇で構成される孫子の兵法

1 計篇

戦争を行う前に自国と敵国の状況を比較して、勝算があるかしっかり考えることの大切さを説く。

2 作戦篇

国内での軍の編成方法と、軍の派遣に必要な予算の見積もり方。

3 謀攻篇

実際の戦闘よりも、計略によって敵に勝つべきであると説く。

4 形篇

自軍は守りを固め、敵軍が負ける態勢になるのを待ち、損害を少なくして勝つべきだと説く。

5 勢篇

個々人の戦闘力に頼らず、軍の勢いで勝つことの大切さを説く。

6 虚実篇

敵軍の行動を操り、常に味方が有利に戦える戦術を説く。

7 軍争篇

敵軍より遅れて出発しても、自軍が先に戦場に到達するための戦術を説く。

8 九変篇

軍を動かすときの９種類の臨機応変な対処法を説く。

戦争のありかたを変えた兵法書

孫子の兵法が登場するより前に列国が行っていた戦争は、おもに英雄たちと職業軍人の駆る戦車（馬に車両を引かせたもの）による平原での短期決戦でした。これに対し、孫武のいた新興国である呉には、階級制度に則った職業軍人といった身分はなく、戦時には**一般市民が武器を手に取り、歩兵として参戦す**る方式でした。

呉は自由に行動できる歩兵の機動力を活かし、超大国であった楚をさまざまな計略で攻撃し、疲弊させ、最後には都《みやこ》を占領して大勝利を収めました。その後も呉は列国を翻弄し、輝かしい戦績を残しました。

中国には「武経七書《ぶけいしちしょ》」と呼ばれる古典兵法書がありますが、その中でも**『孫子』は当時の兵法を**

中国の代表的な古典兵法書「武経七書」

孫子 将軍向けの兵法書。原文はとても簡素で、後の世にさまざまな注釈本が登場した。

呉子《ごし》 古くから孫子と並び称された兵法書。呉《ご》起《き》を主人公とした物語形式で軍の運用方法などが書かれている。現存しているのは6篇だが、48篇あるとされている。

尉繚子《うつりょうし》 尉繚《うつりょう》という人物によって書かれたとされている兵法書。『孫子』『呉子』のほかに『孟子《もうし》』『韓非子《かんぴし》』などの影響を受けている部分があるため、後世につくられた偽書と断定されたこともある。

六韜《りくとう》 太公望《たいこうぼう》・呂尚《りょしょう》が周の王に兵法の講義を行う形式で書かれた兵法書。文韜《ぶんとう》、武韜《ぶとう》、龍韜《りゅうとう》、虎韜《ことう》、豹韜《ひょうとう》、犬韜《けんとう》の6巻で構成されている。虎韜は兵法の極意「虎の巻」の語源。

三略《さんりゃく》 太公望が書き、仙人の黄石公《こうせきこう》が選定したとされる兵法書。上中下の3巻で構成されている。

司馬法《しばほう》 司馬穰苴《しばじょうしょ》によって書かれたとされる兵法書。「司馬」は軍部を司る官名。

李衛公問対《りえいこうもんたい》 唐の太宗《たいそう》と唐の重臣である李靖《りせい》との問答集。歴代の兵法と兵法家、将軍などの人物を分析・評価している。

9

行軍篇

軍の動かし方、止め方、偵察方法と、行軍するときの注意事項を説く。

10

地形篇

戦う場所の特性に応じた戦術の使い方と軍の統率方法を説く。

11

九地篇

9種類の土地の特徴とそれぞれに応じた戦い方、自軍を窮地《きゅうち》に陥らせ兵を必死に戦わせる方法を説く。

12

用間篇

情報を得ることの大切さと、スパイの使い方を説く。

13

火攻篇

威力のある、火を使った戦術と、戦争に対する慎重な姿勢を説く。

大きく変えた重要な兵法書といえるでしょう。

理想ではなく現実的な考えを説く

13篇で構成された『孫子』は大きく4つに分けることができます。**1～3篇では戦うまでの準備**について、**4～6篇では軍の態勢づくり**について、**7～11篇では軍の運用法**について、そして12、13篇では特殊な戦い方についてとなっています。戦争での心構えといった総論から始まり、徐々に具体的な戦術や運用法などの各論へとテーマが進んでいきます。

ひとつとして同じ状況がない戦争を、体系的に、そして理想論ではなく**実戦に即した現実的な考え方**で記していることに、『孫子』の価値はあるのです。

3 「孫子の兵法」はなぜ仕事に役立つの？

現代にも当てはまる5つの特徴

1

中間管理職のノウハウが満載！

孫子の兵法は君主に仕え、兵士を使う将軍や上級将校向けに書かれた兵法書です。国を会社、君主を上司、兵士を部下と置き換えると、ビジネスでうまくやっていくためのヒントが盛り沢山なのです。

2

“時間の大切さ”を学べる！

孫子の兵法は古典ながら、刻一刻と変化する戦場での対応を書いているため、時間に対する考え方がシビアです。時間に追われるビジネスマンにとって、参考になる教えが随所にあります。

3

交渉術が身につく！

孫子の兵法には相手との真っ向からの衝突を避けるための、敵を欺く方法や駆け引きに関することが書かれています。営業の現場や、プレゼン、会議などで応用できる教科書なのです。

変化の激しい現代を生きるための教科書

『孫子』はとても簡潔な文体で書かれていますが、読めば兵法の極意が習得できるというものではありません。戦争は単に武力と武力の衝突というだけでなく、さまざまな条件が複雑に絡み合って起きています。ある側面では有効な戦術でも、少し時間が経つとまったく逆の効果となってしまうようなことが多々あります。

　同様に今日のビジネスも複雑極まりないものになっています。以前までは交渉や契約といった重要な仕事は、経営者や部長といった偉い人が行っていました。しかし、現在では取引先との契約などは**スピード感が求められ、現場の人間が自ら考えて動かなくてはいけない時代**になっています。求められている

4

仕事のストレスを減らす！

仕事でのストレスはおもに対人関係で溜まってしまうもの。人の好き嫌いといった感情はどうしても出てきてしまうものですが、孫子の兵法で合理的なものの考え方を学べば、交渉ごとや社内コミュニケーションで、必要以上に悩むことがなくなります。

5

正しい決断を下せるようになる！

誤った戦略に基づいた仕事は、いくら頑張っても実を結ぶことはありません。成功を求めるのならば無駄な仕事は切り捨て、正しい戦略的判断が必要になります。孫子の兵法からは、人の感情に左右されることなく、正しい決断を下すための考え方が学べます。

孫子の兵法を活かすのは“応用力”

『孫子』には、具体的な戦法は書かれていません。現在置かれた状況に対しての基本的な考え方が説かれているだけなので、読む側の応用力が問われます。古くからさまざまな注釈本がつくられたり、多くの書物に引用されているのはそのためといえます。読者が応用して戦争だけでなく、ビジネスをはじめとしたさまざまな場面で活用していけるのが、孫子の兵法の真骨頂といえます。

能力が多岐にわたる、ある意味厳しい時代といえます。**一人ひとりが『孫子』にある将軍として戦わなくてはいけない**のです。

攻略本ではなく考え方を学ぶ本

『孫子』には厳しい時代を戦い抜くためのノウハウが無数にちりばめられています。本来は戦争に勝つための兵法書ですが、読んだ人の応用次第で、現代のさまざまなシチュエーションに使うことができます。

　入社したての若手から中間管理職まで使える戦略、交渉をうまく進めるためのコツ、職場の人間関係を円滑にする考え方、賢い時間の使い方など、小手先のテクニックではなく、**仕事に役立つ論理的な思考力を養うこ**とが可能なのです。

4 「孫子の兵法」に学んだ成功者はいるの？

『孫子』に学んだ成功者「政治・戦争編」

曹操《そうそう》

中国・155〜220年

後漢時代末期、魏《ぎ》の国を率いた武将。『三国志演義《さんごくしえんぎ》』では独裁者、虐殺者など悪役として書かれています。孫子を熱心に研究しており、現在に残る孫子の13篇は彼が編纂した注釈書『魏武注孫子《ぎぶちゅうそんし》』が元になっているといわれています。

実戦でも孫子の兵法を使用しており、包囲されて窮地《きゅうち》に陥った「安衆《あんしゅう》の戦い」ではあえて兵士を必死に戦わざるをえない状況に追い込み、奇策を用いて生き延びています。

武田信玄《たけだしんげん》

日本・1521〜1573年

甲斐《かい》の武田家を率いた戦国武将。名将として名高く、武田軍団は各国に恐れられていました。徳川・織田連合軍と戦った「三方ヶ原《みかたがはら》の戦い」では敵の目を欺《あざむ》いて誘い出し、囮《おとり》を用いて呼び込み、別働隊でかく乱する「迂直《うちょく》の計」を参考にした戦い方で勝利を収めました。

軍旗にある「風林火山」は『孫子』の「其《そ》の疾《はや》きこと風《かぜ》の如《ごと》く、其の徐《しずか》なること林《はやし》の如く、侵掠《しんりゃく》すること火《ひ》の如く、動《うご》かざること山《やま》の如く」から。

提供：首藤光一/アフロ

戦う人間の教養として広まる

孫子の兵法は、登場してから中国内で長年研究され、多くの注解書が作られ、後の乱世の時代にも活用されていました。現存する最古の注解書は『三国志』で、魏の国の武将として有名な**曹操**《そうそう》の遺したものです。

中国以外の周辺諸国に伝わったのは唐の時代（8世紀ごろ）で、西洋に伝わったのは18世紀ごろと言われています。

日本では戦国武将たちの嗜《たしな》みとして学ばれました。特に有名なのが軍旗に「風林火山」を用いた**武田信玄**です。

時代は下り、明治に入ると、大日本帝国海軍の提督・**東郷平八郎**やその副官・**秋山真之**《さねゆき》が『孫子』を愛読書としていました。

また、海外に目を向けると、フランスの皇帝**ナポレオン・ボナ**

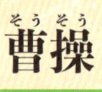

東郷平八郎《とうごうへいはちろう》

日本・1847～1934年

薩摩藩士で、日露戦争において連合艦隊司令長官として旗艦「三笠」で指揮を執り、ロシアのバルチック艦隊を破った提督。日本海海戦において、参謀の秋山真之《さねゆき》とともにロシア艦隊の行動を多方面からシミュレーションし、七段階にわたる攻撃計画を立てるなど、周到な準備を行いました。

実戦では総合力で勝る相手に対して眼前で大胆にターンして（東郷ターン）数的有利を作り出して勝利しました。

ナポレオン・ボナパルト

フランス・1769～1821年

フランス革命後の混乱を治めて独裁政権を樹立したフランス共和国皇帝。1805年にオーストリア軍と戦ったウルム会戦では、敵の行軍を陽動部隊で混乱させ、背後を取って包囲。味方の損害を一切出さずに敵に降伏を迫り、３万の兵と60門の大砲を手に入れました。

機動力のみで敵を翻弄《ほんろう》し、戦うことなく勝利を得る方法はまさに孫子の兵法といえます。

毛沢東《もうたくとう》

中国・1893～1976年

中国共産党・初代中央委員会主席。国民政府軍を率いた蒋介石《しょうかいせき》との戦いでは、包囲殲滅作戦をとった国民政府軍に対して、毛沢東率いる共産党軍は小規模の抵抗と撤退を繰り返すゲリラ戦法で対抗し、勝利しました。

軍律を厳格に守り、人心掌握に長けていた毛沢東は正しく孫子の兵法を実践したといえます。著書『中国革命戦争の戦略問題』や『持久戦論』に原文を引用し、政策へも積極的に活用しました。

パルトが、フランス語訳された『孫子』を愛読していたという伝説があります。

兵法書からビジネス書へ

名将たちは戦争のために『孫子』を学びましたが、思想書として政治家にも活用されました。共産党を率いて中国を建国した**毛沢東**《もうたくとう》は、『孫子』を引用した著書を残しており、実利を求めて現実的な政策を打ち出す姿勢に影響が見られます。

さらに戦略的思考の普遍性から、ビジネスリーダーにも広まりました。マイクロソフトの共同創業者で長者番付世界一の**ビル・ゲイツ**、ソフトバンク創業者の**孫正義**《そんまさよし》など、ＩＴ業界の巨人たちが、愛読書として『孫子』を挙げています。

『孫子』に学んだ成功者「ビジネス編」

ビル・ゲイツ

アメリカ・1955年～

座右の書として『孫子』を挙げており、自著や公開書簡などに引用がしばしば見られます。彼がポール・アレンと共同創業したマイクロソフトは、パソコンに欠かせないＯＳ（オペレーション・システム）の開発を行い、そのライセンス料などで莫大な利益を得ています。相手の急所を握る手法はまさに孫子の兵法といえるでしょう。

新製品や新サービスが次々と現れ、常にすばやい決断が求められる業界であるためか、コンピュータ系やIT系には、『孫子』の愛読者が多いようです。オラクル創業者のラリー・エリソンや、セールスフォース・ドットコム創業者のマーク・ベニオフといった業界の巨人も、『孫子』の愛読者を公言しています。

野村克也《のむらかつや》

日本・1935年～

名捕手としてならした選手時代に、相手打者との駆け引きから、情報収集・分析の重要性を見出したといいます。低迷していたヤクルトの監督に就任した際には、選手の成績をデータ化して指導に用いました。その手法は「ＩＤ《アイディー》（Important Data）野球」と呼ばれ、経験や勘に頼らずデータを重視し、チームを日本一に導きました。

野球の分野では米メジャーリーグでアスレチックスのゼネラル・マネージャーが、セイバーメトリクスという統計学を用いたデータを活用し、貧乏球団を強豪に育て上げたという例もあります。サッカー監督のルイス・フェリペ・スコラーリなどの名将も愛読書として挙げています。

©日刊スポーツ/アフロ

©Rodrigo Reyes Marin/アフロ

孫正義《そんまさよし》

日本・1957年～

ソフトバンクを創業し、わずか30数年で時価総額国内２位の売上を誇る巨大企業に成長させました。Ｍ＆Ａ（企業買収）を多用する戦略は批判されましたが、「戦わずして勝つ」ことが兵法の極意であると述べています。彼は『孫子』を引用しながら自身の姓の「孫」をかけて「孫の二乗の法則」という戦略をつくり、経営に活かしています。

孫の二乗の法則

横軸にそれぞれ理念（勝つための条件）、ビジョン（リーダーの持つべき智）、戦略（第一人者としての戦い方）、心構え（リーダーの心得）、戦術（戦い方）を置き、意思決定の指針などに活用しています。

理念	道	天	地	将	法
ビジョン	頂	情	略	七	闘
戦略	一	流	攻	守	群
心構え	智	信	仁	勇	厳
戦術	風	林	火	山	海

1章 環境編

The environment

社内の環境を整える秘訣

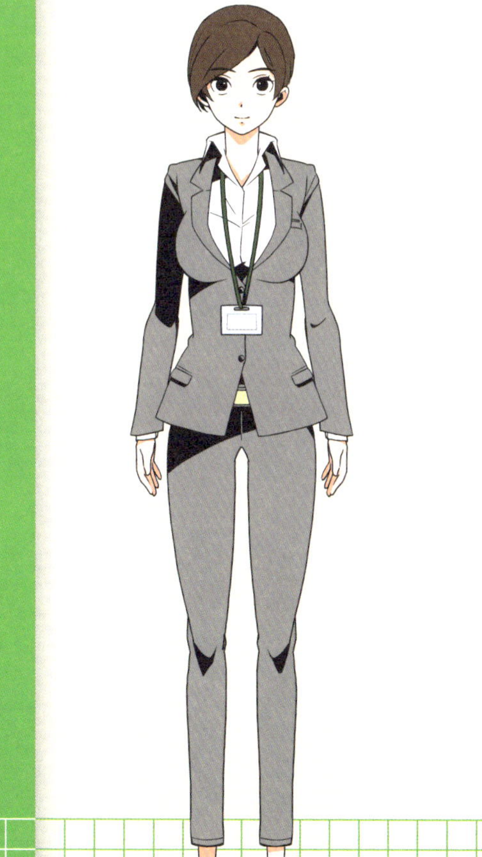

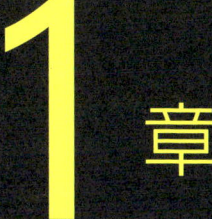

西東電機
会議室
今回は新しいエスプレッソマシーンの商品企画ということですが
何かよいアイデアはありますか？
しーーん
本多さんどうですか？
ビクッ
え、えっと…
ヤアアァァアア〜〜…
プシュウウ…

み…
宮川くんはどうかしら？
どんな製品が喜ばれると思う？
ドキィッ
あゎ
あゎ
いやあ
僕なんてゴニョゴニョ…
ほかの方は…
プイッ
ニコニコニコ
こんなメンバーでどうしろっていうのよ……
はー
うう…一課に戻りたい
道《みち》とは、民《たみ》をして……

孫子の兵法

道《みち》とは、民《たみ》をして上《うえ》と意《い》を同《おな》じゅうせ令《し》むる者《もの》なり。

文意 「道」とは民衆の意思を統治者《とうちしゃ》に同化させる、内政の正しいあり方のこと。平時からこれが実現されていれば、戦時において、統治者の命令について民衆に疑いを抱かせず、死生をともにさせることが可能になる。つまり、上司と部下のコミュニケーションが大切だと説いているのだ。

P46 CASE1 風通しのよい組織をつくろう！

『偏愛《へんあい》マップ』を試してみませんか？
スポーツ
・テニス（やる方）
・野球（観る方）
食べ物
・餃子、お寿司、肉全般
文房具
・ウィークリー式手帳
4色ボールペン
読書
これは僕の偏愛マップ
偏愛マップ？
それぞれが好きなものを書き出してそれを元に会話をするんです
?
紙と書くものがあれば簡単に始められる
おすすめのコミュニケーションツールですよ
1 各自にマップを書いてもらう。
偏愛マップ
カキ
カキ
カキ
カキ
カキ
カキ
2 回収・コピーして全員に配る。
回収&COPY
人数分

幸田の偏愛マップ
自作PC
CPU: Core i7-K
GPU: GF GTX999
SSD: 1TB
メモリ: DDR4×4
映画
アニメ
自作PCっていくらくらいでできるんですか？
宮川の偏愛マップ
・ロードバイク
・フットサル
・ボルダリング
・ゲーム
食べ物
カレー
ポテト
ハンバーグ
スペック次第…
本多の偏愛マップ
・パン作り
・手帳
・アロマテラピー
・インテリア探し
・読書
・お昼寝
・マルチーズ
高津の偏愛マップ
女子全般
映画
バラエティ
酒
酒のアテ
宮川いじり
あの映画よかったよね
ふうん…
本多さんはインドアな趣味が多いのね
高津くんとは根本的なところで合わなそうね…
高津くんは宮川くんと仲がよいのかしら？
随分かわいがっているみたい
大学の先輩後輩なのね
幸田くんは一番謎の人物だけどパソコン関連が好きみたいね
うぇーい

なんとなく
みんなの人間性は
見えてきたけど……
これを仕事に
活かせないかしら
う〜ん…
スッ
法《ほう》とは、
曲制《きょくせい》・官道《かんどう》・主用《しゅよう》なり。
ビクッ!

“なんとなく”を
一度 書き出して
みては?
いきなり
後ろに
立たないで
ください!!

孫子の兵法

法《ほう》とは、曲制《きょくせい》・官道《かんどう》・主用《しゅよう》なり。

文意 「法」とは、軍隊の編成を定めた軍法、軍を監督する官僚の職権を定めた軍法、主君が軍を運用するため将軍と交わした、指揮権に関する軍法などのことである。組織におけるルールを明文化することの重要さを説いている。

P48 CASE 2 暗黙のルールは明文化しよう!

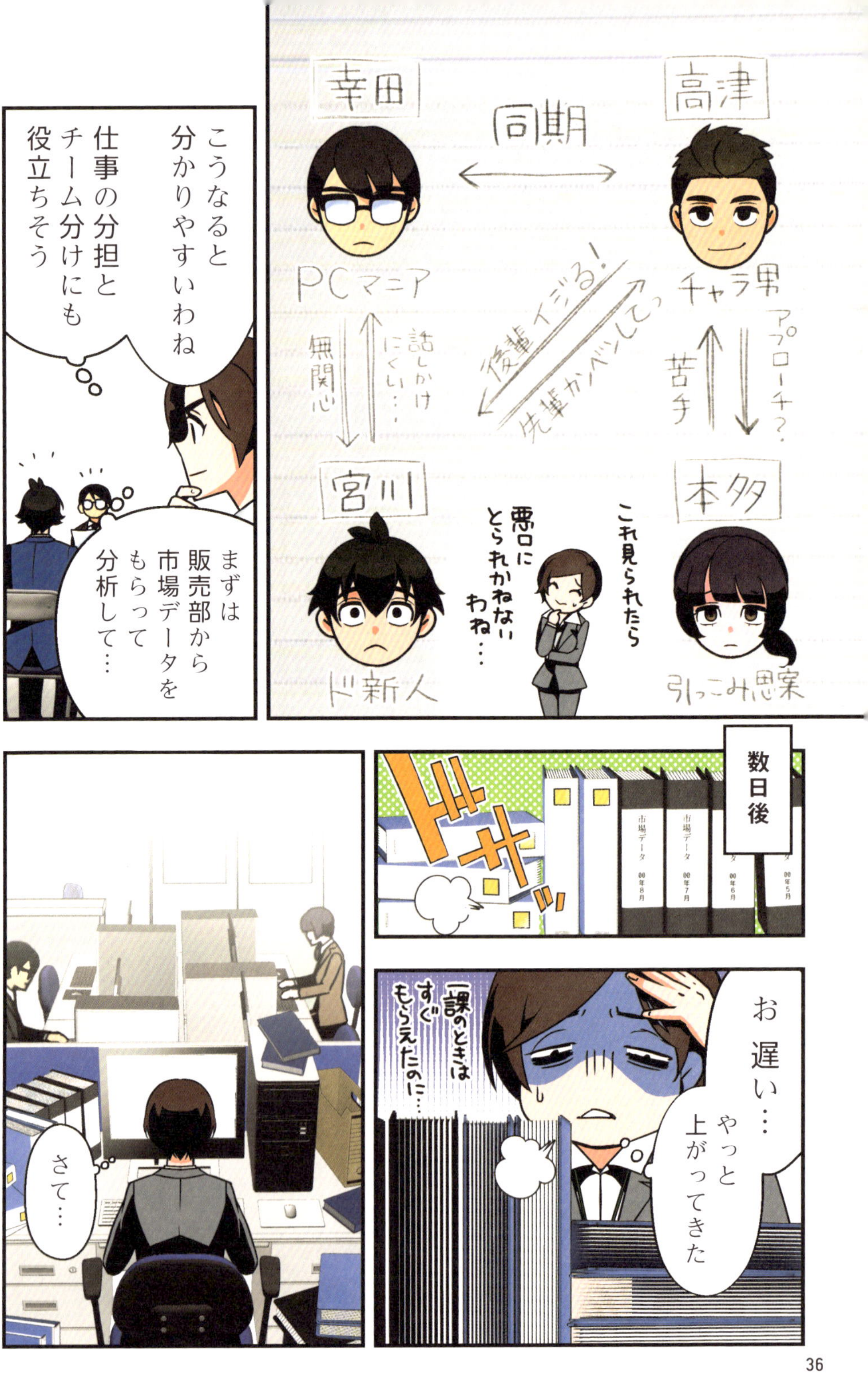

幸田
高津
同期
PCマニア
チャラ男
後輩イジる！
先輩カンベンしてっ
無関心
話しかけにくい…
苦手
アプローチ？
宮川
本多
ド新人
引っこみ思案
これ見られたら
悪口にとられかねないわね…
こうなると分かりやすいわね
仕事の分担とチーム分けにも役立ちそう
まずは販売部から市場データをもらって分析して…
数日後
ドサッ
市場データ 00年8月
市場データ 00年7月
00年6月
00年5月
お遅い…
やっと上がってきた
一課のときはすぐもらえたのに…
さて…

…
なぜかしら
集中できない…
ゴチャ
ゴチャ…
課長
ちょっと外に出てきます
天《てん》とは、陰陽《いんよう》・寒暑《かんしょ》・時制《じせい》なり。
場所を変えてみるのはよい判断ですね

SouthNorth cafe
OPEN

孫子の兵法

天《てん》とは、陰陽《いんよう》・寒暑《かんしょ》・時制《じせい》なり。
地《ち》とは、高下《こうげ》・広狭《こうきょう》・遠近《えんきん》・険易《けんい》・死生《しせい》なり。

文意 「天」とは、日かげと日なた、気温の寒い暑い、四季の移り変わりのことである。「地」とは、地形の高い低い、国土や戦場の広い狭い、距離の遠い近い、地形の険しさと平易さ、軍を敗死させる地勢と生存させる地勢などのことである。戦う場所選び、つまりは環境を選ぶことが重要であると言っている。

P50 CASE 3 環境を変えてやる気アップ!

いただきます
ちょっとここのカフェ気になってたのよね！
ここなら集中できそ…
あーん。。。
だからあいつはダメなんだ！
よそに先越されやがって！
あんなボンクラ手本にしたらろくなもんにならねぇぞ
うわ！
げっ
営業部長だ……
↑苦手
ガミ
ガミ
あんまりはかどらなかったな……
はぁ…
いい店だったのに…

数日後
みんなからもいろいろアイデア出してもらったけど
製造コスト調べなきゃ絞り込みは無理ね

予定より大分遅れている…
お金の計算が必要な書類は苦手だけど…
今夜中に仕上げないと……
お疲れ様でーす

ポン

常に全力投球では疲れてしまいますよ

孫子の兵法

利《り》に合《あ》わば而《すなわ》ち動《うご》き、利《り》に合《あ》わざれば而《すなわ》ち止《や》む。

文意 （古代の戦闘に巧みな者は）敵の戦闘態勢が自軍に有利になれば戦闘を仕掛け、有利にならないときは合戦に入るのを中止していた。つまりチャンスと見れば攻め、不利と見れば無理をしないことが大切なのである。

P52 CASE 4 労力資源は効率よく配分しよう!

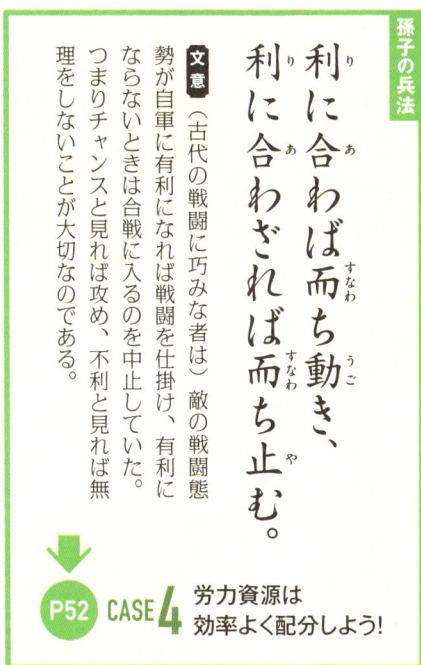

メリハリか…
常に気が抜けているような課長に言われるのもどうかと思うけれど
今日は上がることにします
おつかれさま
気分転換に飲みにでもいきますか？
オゴリっすか!?なら行くっす！
!?
え 何すか？飲みっすか？
なんだかわかりませんがおともします
え？あの
私は…
みんな帰ったんじゃなかったの……
意外なチームワークですね…
足りるかな…

ワイワイ
——で
麻生さんてなんで一課から飛ばされちゃったんすか？
酒の勢いで嫌なこと聞くわね
知らないわよ！そんなの…
スッ
それじゃあダメですよ
ギクッ

か課長!
急に出てこないで!

孫子の兵法には『呉越同舟《ごえつどうしゅう》』という言葉があります

孫子の兵法

越《えつ》人《じん》と呉《ご》人《じん》との相《あ》い悪《にく》むも、其《そ》の舟《ふね》を同《おな》じゅうして済《わた》るに当《あ》たりては、相《あ》い救《すく》うこと左《さ》右《ゆう》の手《て》の若《ごと》し。

文意 越の国の人間と呉の国の人間とは、お互いに憎み合う間柄だ。しかし彼らが同じ舟に乗り合わせて大河を渡る段になると、互いに助け合うさまはまるで左手と右手のようだという意味。どんなに仲が悪くても、同じ目的があれば助け合うようになると説いている。

P54 CASE 5 チームで共通の目標をつくろう!

ここにいるメンバーは
それぞれ突出した得意分野があると私は思っています

たしかに…みんな個性的ですよね
だからまとまらないというか…

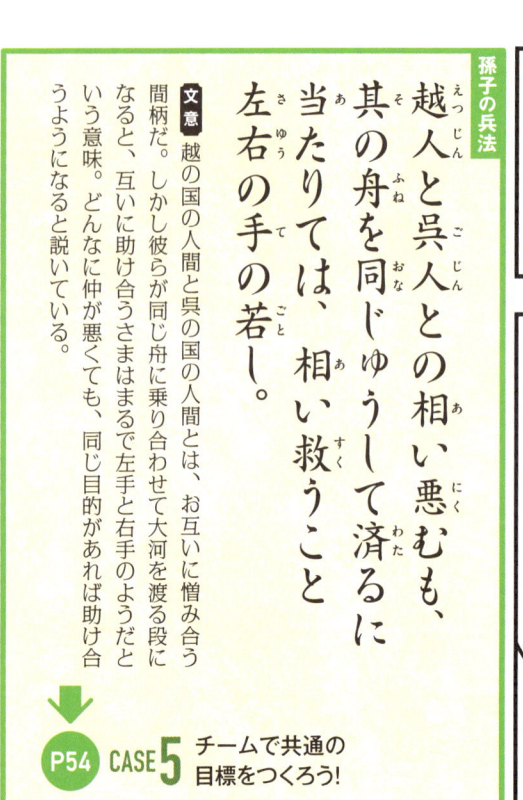

せっかく『二課』という同じ舟に乗ったんです
ここは力を合わせて
今回の企画を成功させようじゃないですか
……それに
今回のコンペは成功するとボーナス出るらしいですよ
キラーッ
……しゃーないですね
それじゃあボ……
じゃなくて
新ボ……新リーダーのために！
みんなで力を合わせましょう！
あんたたち…
よーし やったろうじゃないの！
打倒一課!!

それから……
データ分析
カタカタカタカタ
情報収集
君の課ってどんな企画してんの？
えーっ
資料作成
みんなのやる気が上がったみたい
麻生さん
昨日出たアイデアの製造コスト計算
僕にやらせてください！
大丈夫？
はい！

♪よーしやるぞーっ
大丈夫かなあ
不安そうですね
自分でやったほうが確実だと思ってしまって…
部下に仕事を任せるのも上司の務めです
…人を信じて任せるというのも難しいですね
夫《そ》れ将《しょう》とは国《くに》の輔《たすけ》なり。ですよ

孫子の兵法

夫《そ》れ将《しょう》とは国《くに》の輔《たすけ》なり。輔《たすけ》周《しゅう》なれば則《すなわ》ち国《くに》は必《かなら》ず強《つよ》く、輔《たすけ》隙《すき》あれば則《すなわ》ち国《くに》は必《かなら》ず弱《よわ》し。

文意 そもそも将軍とは国家の補佐役である。補佐役が主君と親密ならば、その国家は必ず強力であるが、補佐役と主君の間に隙があれば国家は必ず弱いといえる。つまり、普段からコミュニケーションが取れていて、仕事でのやりとりがスムーズにいく組織は強いのだ!

P56 CASE 6 リーダーと実行役は密接に!

コミュニケーションをたくさんとるようにしておけば大丈夫!
ですかね

宮川くん今何時だい?!
あぁっ…計算中にやめてください!!
ああいうコミュニケーションはどうかと思いますがね

環境編
1

風通しのよい組織をつくろう！

読み下し文

道《みち》とは、民《たみ》をして上《うえ》と意《い》を同《おな》じゅうせ令《し》むる者《もの》なり。故《ゆえ》に之《こ》れと死《し》す可《べ》く、之《こ》れと生《い》く可《べ》くして、民《たみ》は詭《うたが》わざるなり。《計篇》

立場が違っても組織内で意識の統一はされていますか？

孫子の兵法では、上に立つものと民衆の心がひとつになることが肝心だと説いています。上司と部下、役員と社員など、**立場が違っていても同じ方向を向いている組織は強い**ものです。そのような強い組織をつくるには、上に立つものが「何をやりたいのか」を下に伝え、全員が同じ認識を持つ必要があります。

意思統一はコミュニケーションが不足している風通しの悪い組織ではうまくいきません。「上司に話しかけるのが怖い」「こんなこと聞いたら怒られるんじゃないか」などと萎縮《いしゅく》してしまうような雰囲気では、意思統一どころか、ミスの報告などが遅れ、問題が修復不可能なところまで進んでしまうこともありえます。

普段からの豊かなコミュニケーションが組織を強くする！

コミュニケーションを活発にしたくても、いきなり「さあ話せ」といったところでできるものではありません。かつては「飲みニケーション」が有効とされていました。お酒が入って饒舌《じょうぜつ》になったところでお互いの腹のうちをさらけだし、**〝人となり〟をわかりあう**といったものです。

しかし、最近は「時間外まで拘束されたくない」「職場の人とは仕事だけの関係と割り切っている」といった意見が増えています。経済が後退し、終身雇用も崩壊し、家族的なつきあいをする余裕がなくなっているのかもしれません。このままでは意見が対立したときや叱ったときに、過剰に反応して険悪な関係になりかねません。

そこで同僚や上司の人となりを知るために取り入れたいのが「**偏愛マップ**」を使った研修です。偏愛マップとは自分の趣味や興味があることを書き出して相手に見せ、会話のきっかけにするものです。自分の好きなことを知ってもらい、気軽に雑談できる環境をつくることができます。

仕事で実践！

まずは、周囲の風通しをチェックしよう！

自分の仕事環境が風通しがよいかどうか、以下のチェックリストと
照らし合わせてみて、まずは確認してましょう。

- ☐ 仕事のミスに対して、解決策より先に叱責されることが多い。
- ☐ ミスは相談せずに個人で解決するほうがよいとされている。
- ☐ 他人のミスを知っても積極的に関わろうとしない雰囲気がある。
- ☐ 仕事量が多く、新規アイデアを積極的に出す雰囲気がない。
- ☐ 意見を言っても、それに対する反応が乏しい。
- ☐ 話の内容よりも「誰が言ったか」が重視される傾向にある。
- ☐ 有益な情報があっても個人ごとの管理のため共有されにくい。
- ☐ それぞれがどんな仕事をしているのかがわかりづらい。

☑ **1つまで**
十分に風通しがよいと言えるでしょう。

☑ **2〜3つ**
風通しはよくありません。雑談を積極的にして、お互いを知る努力をしましょう。

☑ **4つ以上**
危険信号です！研修などを行い早急に対処しましょう。

「偏愛マップ」でコミュニケーションの向上

社内研修などでこのマップを作って共有すれば、
コミュニケーションがとりやすくなるので、ぜひ実践してみましょう。

偏愛マップ 個人の好みを思いつくままに書き出そう。

食べ物
カレー　讃岐うどん　揚げパン
カキフライ　アジの南蛮漬け　しらす

映画
007シリーズ　アベンジャーズ
仁義なき戦い　ジブリ　エヴァ

動物
不細工な猫　ウーパールーパー　文鳥

場所
北海道　奥秩父　飛騨　ハワイ
美術館　海　富士山

研修STEP 1（約5分）
偏愛マップの概要説明をして、白紙（A4程度）を配ります。

▼

研修STEP 2（約20分）
各自が好きなものを羅列《られつ》していきます。書き終えたら、1対1ならば相手と交換、多人数なら人数分コピーして配ります。

▼

研修STEP 3（約30分）
ほかの人の偏愛マップを見ながら、自分との共通点や興味を持ったことについて会話しましょう。

環境編

2

暗黙のルールは明文化しよう！

読み下し文

法《ほう》とは、曲制《きょくせい》・官道《かんどう》・主用《しゅよう》なり。《計篇》

社内にひそむ暗黙のルールを書き出してみよう

孫子の兵法は軍法や規律、現代風に言えば**コンプライアンス（法令遵守）が組織では不可欠**だと説いています。チーム内でルールを定めることは機能的に動く第一歩。

仕事をよりスムーズに進めたいのならば、もう一歩踏み込んで社内の「暗黙のルール」について考えるといいでしょう。「休暇後はお土産を配る」「贈答品のやりとりは避ける」など、**なんとなく存在する内《うち》輪《わ》のルールは、守ることで仕事はやりやすくなります**。「空気を読む」ことに長《た》けた人は、このルールの見極めが早く、職場になじむのも早いものです。本人の資質によると考えてしまいがちですが、これはテクニックでカバーできるものなのです。思い当たる暗黙のルールを書き出してみることでいろいろな気づきが生まれます。

あまりにも不合理なルールならば改善を提案することも考えてみましょう。

会社内の人間関係を観察して相関図をつくろう

暗黙のルールは人間関係にまつわるものが多くあります。「Aさんの前でBさんの話をすると不機嫌になる」「提案はC部長にも話を通しておかないと後でこじれる」などです。こちらも**明文化することで仕事をスムーズに進める助けとなります**。

例えば会議に参加したときなどに誰と誰が険悪で、誰が誰に気を使っているかなどを観察し、気づいたことをメモしていきます。長く勤めている人からのアドバイスもメモしましょう。それらのメモがたまったところで内容をまとめるために**人物相関図をつくります**。

相関図づくりは組織を観察する訓練になり、自分のポジションを獲得するための戦略的な地図にもなります。つくるときは、実名では書かないこと。万が一他人に見られてしまったときに都合が悪くなりかねないので、自分にしかわからない記号で書くとよいでしょう。

社内の〝地雷〟を踏まないようにしつつ、社内を居心地のよい環境にしましょう。

仕事で実践！

暗黙のルールを書き出してみよう！

会社には、必ず会社ごとに独特のルールがあるもの。
それらを把握するため、〝暗黙のルール〟を書き出すとよいでしょう。

よくある例

- 出勤時間は始業の１時間前。
- 社外からの電話は新人が一番に取る。
- 休憩は１時間だが１時間フルに使わない。
- 組織図に現れないパワーバランスがある。
  営業部＝総務部＞企画部＝開発部＞製造部＞販売部
- お中元・お歳暮は贈らない。
- バレンタインデー等の贈答をしない。
- 休暇を取ったら部署の同僚・上司にお土産を渡す など。

会社の秩序や社会のルールとは違うところがないかを観察しよう！
奇妙で不合理な慣習なら、慣れるより改善を提案することも必要！

社内の人物を相関図にしてみよう

ドラマや映画の解説で目にする「相関図」。自分との関係だけでなく、
他人同士の関係をつかむことで、仕事をスムーズに運ぶ助けになります。

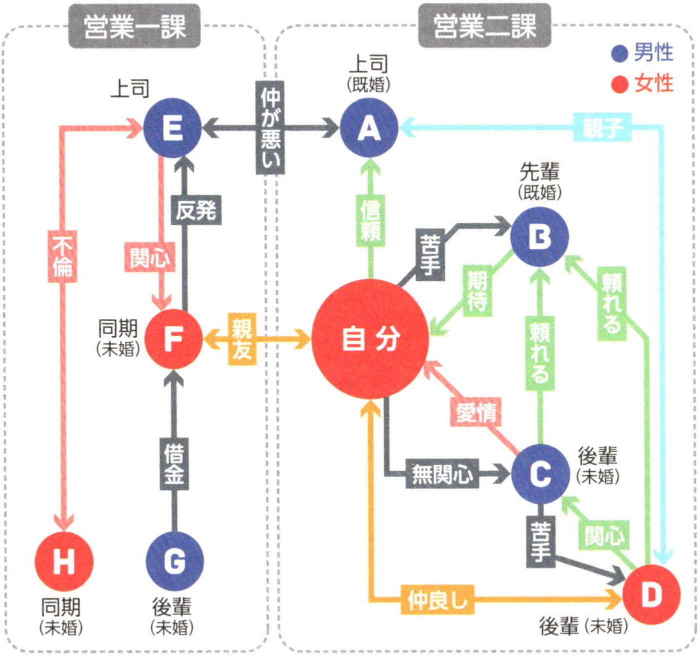
営業一課
営業二課
● 男性
● 女性
上司
E
仲が悪い
上司（既婚）
A
親子
不倫
関心
反発
信頼
先輩（既婚）
B
苦手
期待
頼れる
頼れる
同期（未婚）
F
親友
自分
愛情
借金
無関心
C
後輩（未婚）
苦手
関心
H
同期（未婚）
G
後輩（未婚）
仲良し
D
後輩（未婚）

作成のポイント

- 万一見られる可能性があるので、実名は書かない。
- 友好関係か、対立関係かは色分けするなど明確に。
- 自分の部・課だけでなく他部署もチェック。
- 新事実が出たときのため、書き直せるペンで。

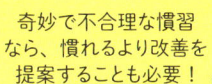

環境編

3 環境を変えてやる気アップ！

読み下し文

天《てん》とは、陰陽《いんよう》・寒暑《かんしょ》・時制《じせい》なり。地《ち》とは、高《こう》下《げ》・広狭《こうきょう》・遠近《えんきん》・険易《けんい》・死生《しせい》なり。《計篇》

環境をあやつって自分の有利な場をつくろう

孫子の兵法は、天候や地形を知ることが敵に勝つ必須条件であると言っています。戦場では当然考慮すべきことだと想像できますが、これをそのままビジネスに落とし込むのは難しいものです。「雨の日は客足が鈍る」「冷夏だとビールの販売が落ちる」など、特定の現場では重要でも、一般的には天候や地形の重要度はさほど高くないのではと考えてしまいます。

しかし天候と地形を大まかに「**環境設定**」と見ると、打ち合わせの場所や会議の席順、部下を注意するときの場所など、さまざまな場面で応用できます。天候は変えられなくても、相手のテリトリーで会うか、こちらで場を用意するかという演出で、**自分に有利な状況をつくり出す**ことは可能です。

内なる敵と戦うために環境を演出しよう

仕事環境の演出は誰かと会う場面だけでなく、一人のときでも重要になります。例えばデスクワークをこなす場合、**″敵″は内なる自分**です。めんどくさい・サボりたい気持ちを抑え、いかにモチベーションを維持するか。これを環境によってコントロールします。やる気がなくなってきたときはもちろん、行き詰まりを感じたら近所の喫茶店などに場所を移すと、**空気や景色が変わって、頭のスイッチも切り替わる**ものです。アイデアをひねり出さなくてはいけないときは机に座ってうなっているよりも近所をぶらぶら散歩したときのほうがよい考えが浮かぶものです。

環境を変えるといっても、ほかに誘惑が多いような場所、例えばＴＶや趣味のものが置いてあるような自宅では逆効果になります。リラックスしすぎて仕事そのものをしたくなくなってしまう可能性もあります。職場でもなく自宅でもなくほかに気を散らされるものがない場所、長居できる喫茶店、図書館などを見つけておきましょう。

環境を味方につけるテクニック

打ち合わせや交渉ごとにおいては、どこで行うかによって心理的影響が異なります。交渉を有利に進めるテクニックを覚えましょう。

打ち合わせの環境で違いが出る!

外で行う場合

メリット

- 自分も相手も環境として対等な条件になる。
- 比較的リラックスして話が進められる。
- 友好的な関係を築きやすい。

デメリット

- 場所のセッティングなど少し手間が増える。
- 重要事項を話す際は、周囲に漏《も》れないよう注意。

相手の会社の場合

メリット

- 相手を安心させて信頼関係を築くのに役立つ。
- 本音を話してくれやすくなる。
- 相手の会社の情報や人間関係が分かる場合がある。

デメリット

- 緊張して本来の交渉力を発揮できない場合も。
- 相手のペースになりやすい。

自社の場合

メリット

- 心理的に落ち着ける。
- 交渉相手に対して優位を感じられる。
- 場合によっては、社内に助けを求められる。

デメリット

- 気がゆるんで余計なことを話す可能性がある。
- 相手を緊張させ有意義な話を引き出せないことも。

打ち合わせの座り方で違いが出る!

打ち合わせ時の座り方でも心理的な効果は変わります。対面して座る方法は議論には向きますが、どうしても対決姿勢が強くなりがち。そこで、右図のようにななめに座る方法が、心理的な距離も近づき、協力的な交渉に有効です。

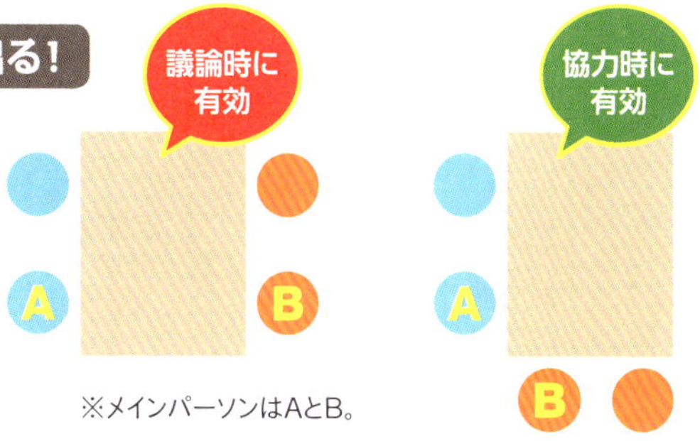

※メインパーソンはAとB。

労力資源は効率よく配分しよう！

読み下し文

利《り》に合《あ》わば而《すなわ》ち動《うご》き、利《り》に合《あ》わざれば而《すなわ》ち止《や》む。《九地篇》

いかなる仕事も全力投球では疲弊してしまう

孫子の兵法は「利＝勝算」があれば戦い、勝算がなければ戦いをやめてしまうのが戦《いくさ》上手だと説いています。利をつくり出すために相手が結束できないように妨害し、混乱するように仕向けよとも言っています。ビジネスでどこまで実践するかの判断は難しいですが、**利の有無をとらえて波に乗る**ことはできます。

景気に波があり、商売に繁忙期と閑散期があるように、個人レベルでも仕事には波があるもの。「先月はよかったのに今月はほとんど契約がとれない」のような経験があるはずです。こんなとき「今月も頑張らねば！」と躍起になるものです。しかしうまくいかないときは何をやってもダメなもの。そんなときは**ジタバタせずに休んでしまう**のです。ただ休んでしまうことがもったいないと思うなら、普段できない勉強にいそしむのもアリです。

少し粘ってみて「うまくいかないな」と感じたら休み、**潮目が変わったと感じたら、労力を惜しまず全力投球**しましょう。このように起伏に合わせて仕事をすると、いい結果が生まれることがあります。

抱えた仕事を分類して優先順位をつける

仕事がやりがいのある面白いものばかりならいいですが、放り出したくなるようなものもあります。つまらない仕事なのに急かされて、ほかの面白そうな仕事がおろそかになってしまうこともあるでしょう。そんなときは**来た順番、言われるがまま仕事をこなすのではなく、一度分類してみる**のです。分類の目安は「スケジュール」「大変さ」「楽しさ」です。

仕事をする順番と力加減を決めておけば、あれもこれもと手を出して中途半端になることもありませんし、「こんなに頑張ったのに評価されない」というような無駄もなくなります。労働資源を賢く配分してメリハリのある仕事を心がけましょう。

仕事に優先順位をつける

仕事に真摯《しんし》に取り組む姿勢は立派ですが、すべてに全力投球では身が持ちません。優先順位で仕事を分類し、「利」を考慮したうえで労力を調整しましょう。

取り組む順番は軽重緩急で分類

重要度高い 重

緩 急がない ←→ 急 急ぐ

軽 重要度低い

第3優先
重要だが急がなくてもいい仕事。しっかり時間をかけて取り組む。

第1優先
重要で急がないといけない仕事。常に最優先で取り組む意識を持つ。

第4優先
重要でなく急がない仕事。時間を見つけて取り組むとよい。

第2優先
急ぐけれど重要度の高くない仕事。スケジュールを意識しつつ集中する。

仕事の優先順位は
「重要度」と「急ぎ」の
度合いにより変わってきます

取り組む力の配分は苦楽緩急で分類

急ぐ 急

苦 つまらない ←→ 楽 楽しめる

緩 急がない

第3優先
急ぐわりにつまらない仕事。注力しすぎるとモチベーションの減少に。少し力を抜くぐらいがよい。

第1優先
楽しめる仕事で急ぎのもの。急ぐ分大変だが、やりがいのある仕事なので全力を傾ける。

第4優先
急がない仕事でつまらないもの。事務的に処理する。場合によっては、他人に振るのもアリ。

第2優先
楽しめる仕事で急がないもの。注力しすぎてもほかの仕事に影響が出るので、こっそりと力を注ぐ。

楽しめない仕事に力を注ぎすぎ
ても、モチベーション低下の原因
になります。仕事の種類によって
力の配分を変えましょう!

環境編

5

チームで共通の目標をつくろう!

読み下し文

越《えつ》人《ひと》と呉《ご》人《ひと》との相《あ》い悪《にく》むも、其《そ》の舟《ふね》を同《おな》じゅうして済《わた》るに当《あ》たりては、相《あ》い救《すく》うこと左《さ》右《ゆう》の手《て》の若《ごと》し。《九地篇》

ピンチの状況は隠さず伝え推進力にする

災難に直面したり利害が一致すると、仲の悪い人同士でも協力しあったり助け合うようになるという意味の四字熟語「呉越同舟《ごえつどうしゅう》」は、『孫子』が出典です。兵の勇気を奮い立たせ軍全体が勇者の集団であるかのようにまとまらせるためには、嫌でも戦わざるを得ない状況に追い込めと説いています。また、そのような状況をつくるのは将軍（＝リーダー）の役目とも。

ビジネスでは孫子やドラマのようにあえて窮地《きゅうち》をつくり出す必要はありませんが、「納期が迫っていてこのままでは間に合わない」といった**ピンチは抱え込まずに包み隠さず伝え**、「皆の力で乗り切ろう」と言ったほうがピンチを脱する力が生まれます。このときにリーダーが、誰が何を行うのかを明確に示せられれば、より強い推進力となります。

また窮地でなくとも共通の目標を立ててそれを一人ひとりに自覚させることはチームを強くするうえで欠かせない要素となります。

目標は具体的かつ無理のないものに

共通の目標は、具体的であればあるほど意識統一は図りやすくなります。「今月の売上目標は先月より○円アップ」のようなものにすれば「△人で○円という計算になるから、自分は先月より□円頑張ればいいのか」と、目標達成に至るまでの道筋を立てやすくなるのです。

注意したいのは、この**具体的な目標を荒唐《こうとう》無稽《むけい》なものにしないこと**。いきなり10倍にしろなどと言われても「無理だ」という意識が先行して、やる気を萎《な》えさせてしまいます。目標の具体化はチームだけでなく個人で立てる目標についても有効です。**最終到達点までにいくつか段階を設ける**といいでしょう。「1面クリア、2面クリア」とゲーム感覚で進められます。

チームの目標を立てる

共通の目標や敵をつくることで、チームがまとまります。
上手に設定することで、チームの和をつくっていきましょう。

目標や敵（ライバル）をつくるメリット

目標設定なし

B社の製品、いいなぁ…
A社の製品に勝つには…
今日はやることなくて暇だ…
今月売上を伸ばさないと…
うちの製品もっとよくしたい…

方向性がバラバラに
チームの意味が薄れてしまう…

目標設定あり

（目標例：C社の製品の2倍の売上を出す）

いくつ売れればいいだろう？
C社製品の市場調査をしよう！
うちの製品と比べてみよう
C社製品の研究をしよう

チームがまとまり
大きな推進力が生まれる

目標の立て方には“コツ”がある

質でなく量を基準に

「質」という基準は人によって異なるもの。こういった客観性に乏しいものを基準にすると、チーム内でも混乱が生じる可能性があります。質よりも目に見える「量」（数字など）を基準にするとよいでしょう。

数値設定は具体的に

「今年は60件契約を取ってくる」など数値設定は具体的に。「60件取ってくるにはひと月あたり5件、20日で5件ならば1件に費やせる時間は4日」など、達成するための具体的な道筋が見えてきます。

高すぎる目標にしない

数値を設定してもそれが「1日1,000件の契約」などと不可能なレベルで大きなものでは意味がありません。達成にかかる時間、担当者の能力などを把握したうえで、達成可能な範囲で高い目標を設定することがキモです。

環境編

6

リーダーと実行役は密接に！

読み下し文

夫《そ》れ将《しょう》とは国《くに》の輔《たすけ》なり。輔周《たすけしゅう》なれば則《すなわ》ち国《くに》は必《かなら》ず強《つよ》く、輔隙《たすけすき》あれば則《すなわ》ち国《くに》は必《かなら》ず弱《よわ》し。《謀攻篇》

君主のようにあなたは部下を信頼できますか？

仕事をしていると必ず誰かに頼みたいという場面が出てきます。このとき「説明する時間がもったいない」「自分でやるほうが早い」と抱え込んでしまうと、すぐにパンクしてしまいます。後輩や部下ができるような地位になると必ず仕事を頼むスキルが求められるようになります。**上手に仕事を頼めるようになってようやく一人前の仕事人**と言ってもいいでしょう。

孫子の兵法では、将軍と君主の指揮系統の話として、君主が将軍を信頼して任せられるように親密な関係を築けているのが強い国であるとしています。うまくいっていないと、現場を知らない君主があれこれ口を出し、兵士は将軍と君主のどちらの命令を聞いたらいいのか分からず、勝利を自ら手放すというのです。

任せる 振る 丸投げする

君主をあなた、将軍を部下だとすると、あなたは部下を信頼して仕事を〝**任せる**〟ことになります。任せるというのは**相手に裁量権も渡す**ことです。部下は自分で作業の進め方を決め、何かを判断する際も自分でしなければなりません。部下は**自分で判断することによってようやく仕事を自分のものだと思える**ようになり、仕事に面白味を感じられるようになります。

裁量権は渡さず作業を分担してもらうのは仕事を〝**振って**〟いることになります。やり方を踏襲《とうしゅう》してもらうので、自分の手足が増えたイメージです。作業効率はアップしますが、ステップアップにはまだ力不足といえます。

それでも仕事を〝**丸投げする**〟よりはずっといいでしょう。丸投げは頼む側が責任を放棄しているだけにすぎません。出入りの激しい業界では丸投げをしているのに、「新人でも仕事を任せています」のように、さも信頼して任せているかのように言っているのを見かけますが、大きな間違いです。

上手な仕事の任せ方

「自分がやったほうが早い」はある程度仕事に慣れた人が陥りやすい罠です。ステップアップを目指すなら、仕事を人に任せるスキルを覚える必要があります。

「任せる」「振る」「丸投げする」の違い

○ 仕事を「任せる」

判断や意思決定といった裁量権を相手に渡します。「考えて判断できる」ことで相手は仕事を面白いと感じてくれます。もちろん責任は任せる側にあるため、任せられるかどうかの見極めが重要。

△ 仕事を「振る」

最初は大抵ここからのスタートに。自分の手足が増えたようなもので、判断が必要な場面や意思決定、仕事の進め方といった要《かなめ》の部分は自分で行わなければなりません。

× 仕事を「丸投げする」

一番やってはいけない方法。デキる人はまれにこなしてしまうこともありますが、大抵は情報不足により混乱してしまうことに。始まってからの質問が増え、かえって非効率になります。

仕事を「任せる」ためのポイント

POINT 1 相手の力量を測る

任せたい相手の力量を見て、「これまでの仕事より少し難易度が高い」くらいの仕事が理想。相手が興味・関心を持っている内容に近い仕事であることも重要です。

POINT 2 先人の智恵を伝達する

ミスが起こりやすい部分などがあったら先に伝えておくようにしましょう。マニュアルを作っておくほうがよいですが、簡単なメモでも渡しておくことで、時間のロスは防げます。

POINT 3 サポートは手厚く

アドバイスを求められたり、質問をされたら嫌な顔をせずに答えるように。「話しやすい先輩」であることを心がけましょう。定期的に進捗状況を聞くことも忘れずに。

齋藤流
仕事に生きるアイデア

LET'S TRY!

1

仕事で使う道具は自分に合ったものを

孫子の兵法の「天」と「地」を「仕事の環境」と置き換えましたが（➡P50）、**普段使っている道具も環境の一部**と言えます。仕事で使う道具は、いわば武器のようなものなので、自分に合ったものを使いたいものです。上手に使いこなせれば強力な相棒として仕事ははかどります。しかし、たとえ**その道具が優れていたとしても、使いこなせなければかえってストレスをためてしまう**ことになります。

例えば、現代人の必携アイテムとなったスマートフォン。電話やメール、ＳＮＳといった連絡手段からスケジュールの管理など、ちょっとした調べ物までできるため、ビジネスマンは大いに活用していることでしょう。しかし、常に連絡がとれないといけないので、バッテリーの保ちを考えて、従来のガラケーのほうがいいという人もいます。手帳にしても、スマートフォンがいいという人もいれば、電子手帳がいいという人もいますし、手書きがいいという人もいます。重要なのは**時流に乗ることではなく、あくまでも自分の日常や仕事との相性で決める**ことです。デスクワークしかしないのに持ち運びに便利な小型のノートパソコンは必要ないでしょうし、逆に外回りが多いのに重量のあるパソコンを持ち運んでいては疲れてしまいます。

現代の道具には選択肢が豊富にあるため、どんなものが自分に合っているか、いろいろなものを使ってみないと判断ができません。できれば試用期間のようなものがあればよいのですが、そうもいかない場合が多いものです。例えばボールペンならば、インクの出がよいもの、多色のもの、グリップが太いもの、細いものなどを併用してみましょう。多色であっても３色あれば事足りるのであれば４色以上のものは不必要だと気づくでしょう。このように同じ用途の**道具を併用していくと、次第にダーウィンのいう「自然選択」のように、自分に合ったものに落ち着いていく**でしょう。

写真：毎日新聞社/アフロ

2章

個人編

The individual

ビジネスマンとして成長するには

物語は少し遡《さかのぼ》り――
打倒一課かぁ…なんだか大変そうだな
でも麻生さんって一課でバリバリやってた人みたいだし
言われたことやっておけば大丈夫かな
商品企画二課
宮川亮太《みやかわりょうた》（23）
入社２年目の新人
ヌッ
将《しょう》とは、智《ち》・信《しん》・仁《じん》・勇《ゆう》・厳《げん》なり。
ギクゥッ
か 課長！
心の中読みました？
声に出てましたから

孫子の兵法

将《しょう》とは、智《ち》・信《しん》・仁《じん》・勇《ゆう》・厳《げん》なり。

文意 「将」とは、物ごとを明察できる知力、部下からの信頼、部下を思いやる慈《いつく》しみの心、困難にくじけない勇気、軍律を維持する厳格さなどの、将軍が備える能力のこと。リーダーが備えるべき資質は、現代においても変わらないのだ。

P76 CASE 1 自分をリーダーだと思って行動する!

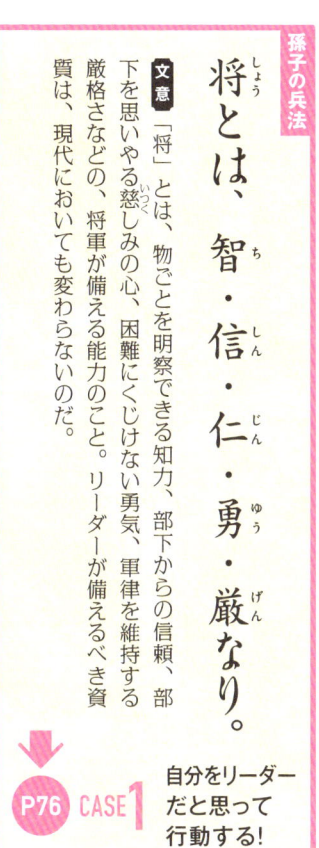

……
びっくりしたなあ
はーっ
いきなり後ろにいて呪文みたいなの唱えるんだもの
ボソッ
妖怪みたい
声に出てますよ!
す
すんません!
自分がリーダーなんて考えたこともなかったなぁ
リーダーって何をやるんだろう……
高津くんこれお願い
へーい
麻生さんはことあるごとに誰にでも声をかけている
すごくリーダーっぽいなぁ……

麻生さん 経理部から経費清算するようにってコレ……
あー ありがとね
ポイ
ズーーーン…
カタカタ
カタカタ
でも お金の計算が 苦手で
片付けられない 人なのかな？
誰にでも 弱い部分は あるものです
その弱点を 補い合う 人材がいると
組織は より強く なります

孫子の兵法

兵《へい》の形《かたち》は実《じつ》を避《さ》けて虚《きょ》を撃《う》つ。

文意 戦争の法則は、敵の強い部分を避けて、隙のあるところ＝弱いところを攻撃することだ。逆にいうと、味方の弱い部分を補い合う補完関係を生み出せることが、組織の強みでもあるということもいえるのだ。

P78 CASE 2 仲間の弱みをフォローしよう！

仲間内での地位を上げたいなら人の苦手な部分をフォローするといいですよ
……よし！
麻生さーん 計算僕にやらせてください！
よーし 今日は残業だ！

数日後
遅刻だー！
おはようございまーす……
ひゃー

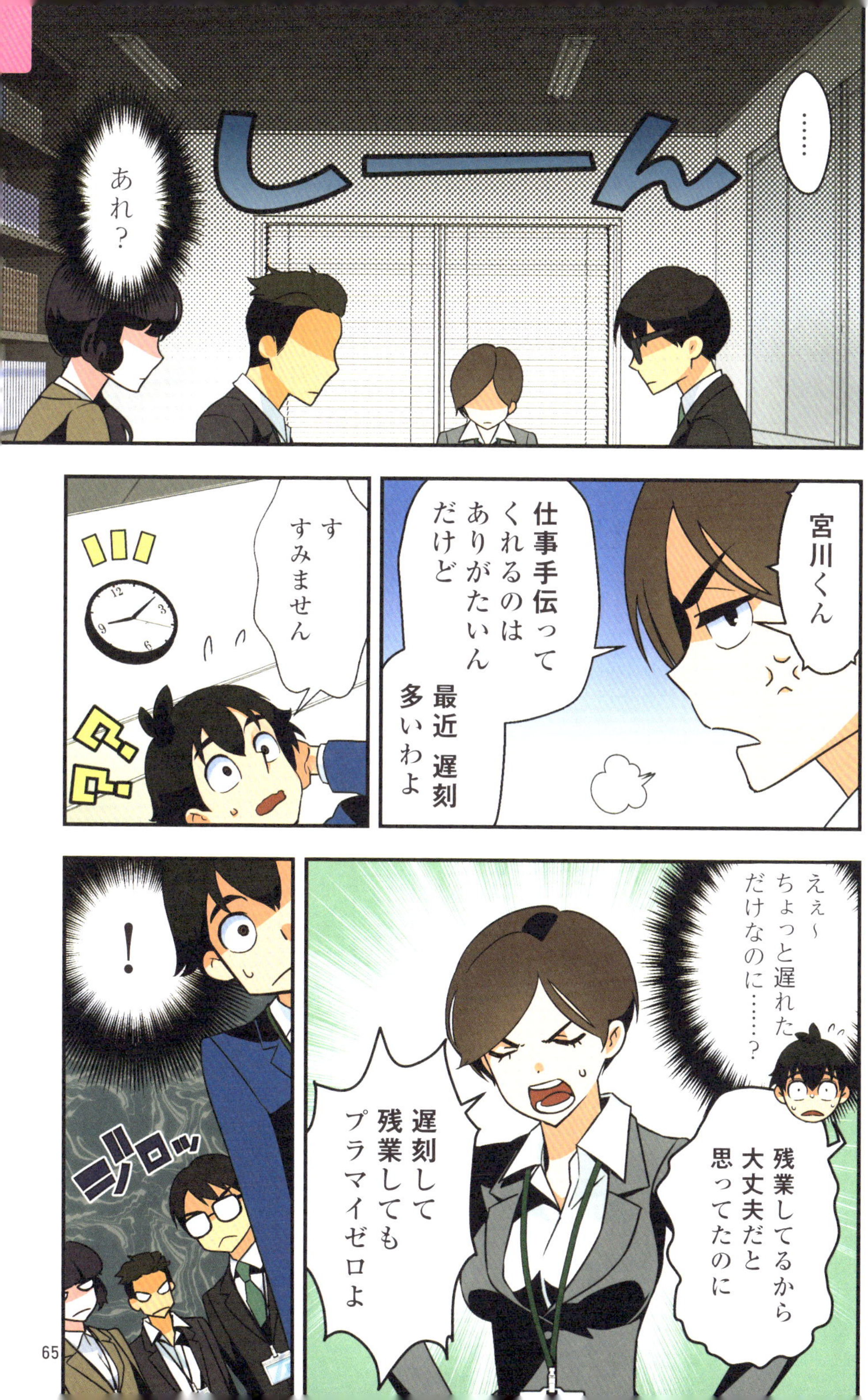
……
しーん
あれ？
宮川くん
仕事手伝ってくれるのはありがたいんだけど
最近 遅刻多いわよ
す すみません
ええ〜 ちょっと遅れただけなのに……？
残業してるから大丈夫だと思ってたのに
遅刻して残業してもプラマイゼロよ
！
ジロッ

プラスになることをやるよりも
まずマイナスをなくすことを優先すべし
ですよ

孫子の兵法

先《ま》ず勝《か》つべからざるを為《な》して。

文意 まず敵軍が自軍を攻撃しても勝つことのできない防御態勢をつくりあげ、敵軍が態勢を崩して、自軍が攻撃すれば勝てる態勢になるのを待ち受ける。つまり、長所をアピールするよりも、欠点をなくしていくほうが優れた人材になり得るのだ。

P80 CASE 3 「勝つ」より「負けない」を意識する!

孫子も残業してたんですかね
…残業はさておき

成長を望むなら肝に銘じておいて損はありません
(損)子なのに?
……

チッ
チッ
チッ
チッ

カタカタ

宮川君
お昼
食べないの？
できた！
新機能!!
課長
見てください
新機能を
思いつき
ました！
これを
次の会議で
発表します！
ガシッ
まあ
お待ち
なさい
会社では
正しいか
どうかより
事前に話して
いたかどうかが
成否にかかわったり
しますよ

孫子の兵法

迂《う》を以《もっ》て直《ちょく》と為《な》し、患《うれ》いを以《もっ》て利《り》と為《な》せばなり。

文意 (有利なポジションを先に制する争いは難しいので)遠回りの道でも直進する道と同じように変え、味方に不利な状況でも有利な状況に変えなければならないという意味。回りくどいと思っても、しっかり根回し(遠回り)するほうが、直接的に行動するより話が早いこともあるのだ。

P82 CASE 4 事前の根回しこそが一番大事!

根回しですか
あまりいいイメージないですけど……
悪だくみしようってことじゃないんです
仕事をスムーズに回すためのスキルですよ

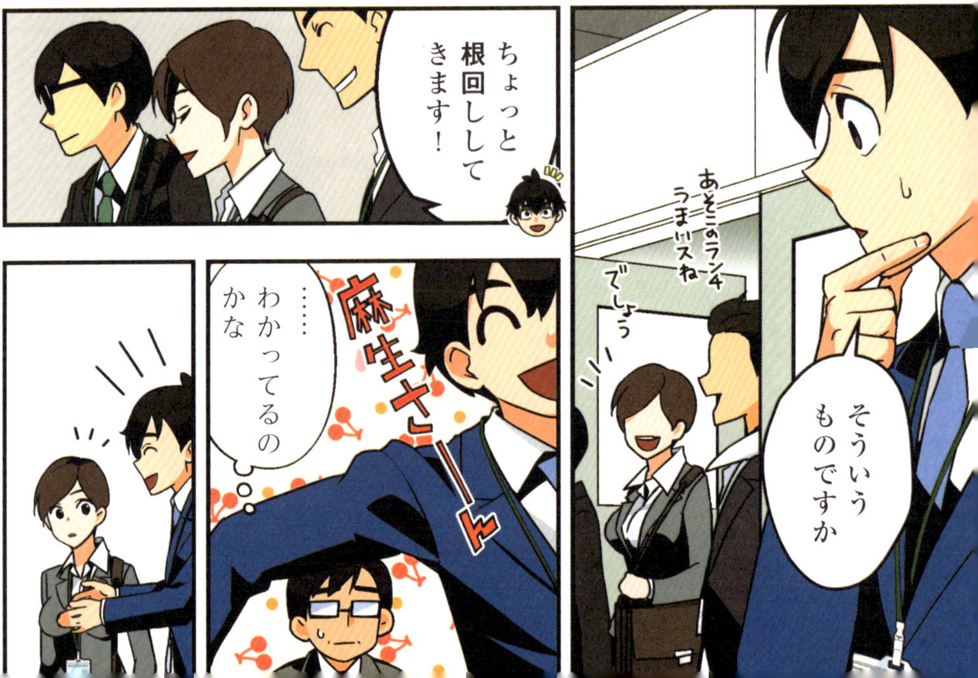
そういうものですか
あそこのランチうまいスね
でしょう
ちょっと根回ししてきます!
麻生さーん
……わかってるのかな

課長〜
根回しダメでした〜
ちょっと拝見
新しくないっすかジューサー機能つきエスプレッソマシーン！
う〜ん…

孫子の兵法

遠《とお》き形《かたち》には、勢《いきお》い均《ひとし》ければ以《もっ》て戦《たたか》いを挑《いど》み難《がた》く、戦《たたか》わば而《すなわ》ち不《ふ》利《り》なり。

文意 敵と味方の陣地が遠く離れている地形では、双方の戦力が互角なら戦いを仕掛けるのは困難であり、無理をして先に戦いを仕掛けると不利になる。新しい仕事をやりたいと思っても、これまでの経験を活かしてその延長線上にある分野から進めるべきなのである。

P84 CASE 5 突飛《とっぴ》でなく「地続き」の仕事を!

……あれもこれもと欲張ると
ろくなことにならないと『孫子』は言っていますよ

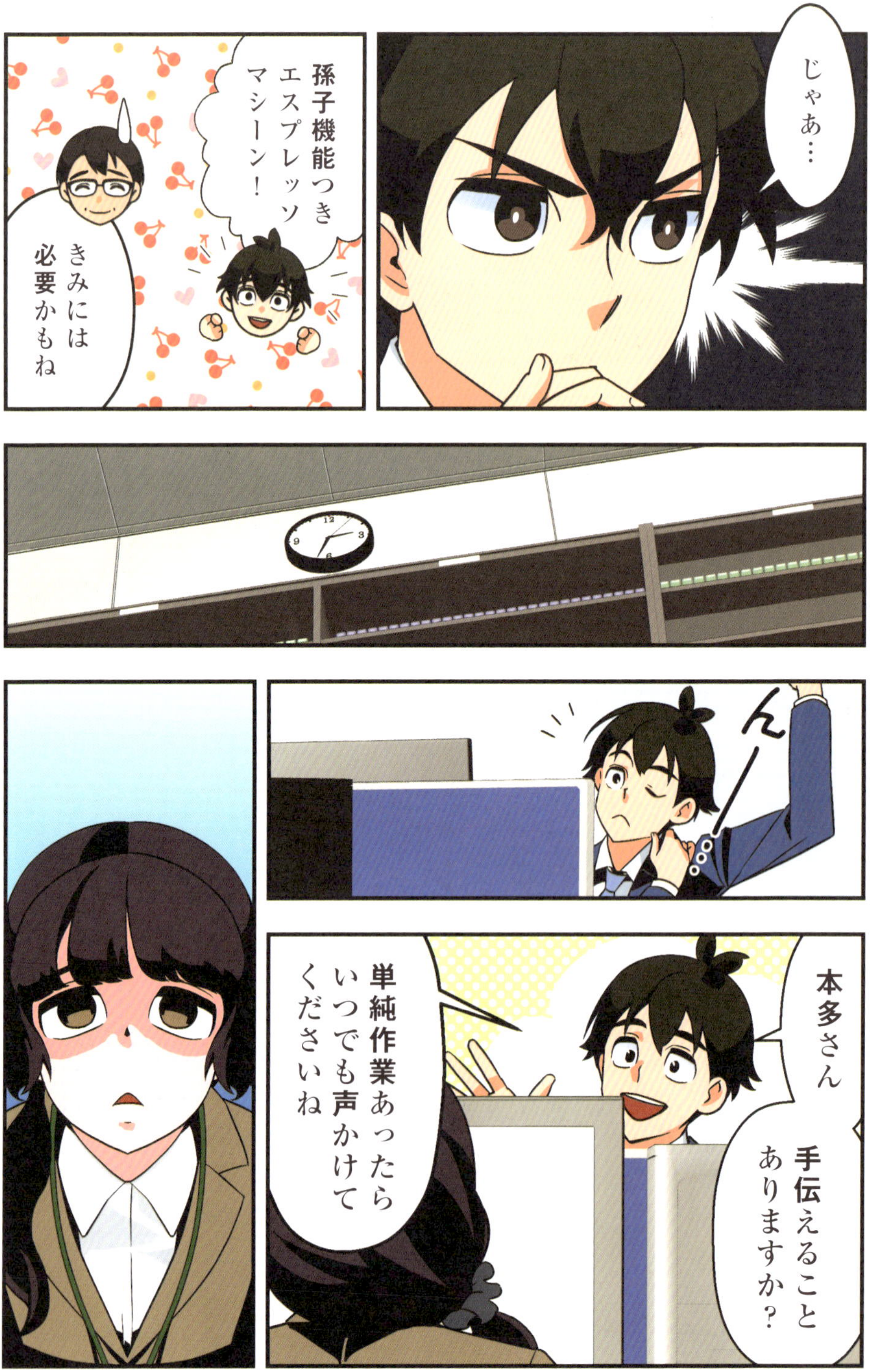
じゃあ…
孫子機能つき エスプレッソ マシーン！
きみには 必要かもね
ん
本多さん 手伝えること ありますか？
単純作業あったら いつでも声かけて くださいね

……大丈夫
プイ
大丈夫そうに見えないんだけど……
ん？
そういえば僕が残業してたとき…
♪♪
今日も残業だっ
ちょっと宮川くん
人の手伝いにかまけている場合じゃないでしょ
自分の仕事を優先して！
ギクッ

でも……
孫子の兵法に こういうときの 対処法なんて 書いてないよな ……
あっ
これって

孫子の兵法

善《よ》く戦《たたか》う者《もの》は、人《ひと》を致《いた》すも人《ひと》に致《いた》されず。

文意 戦いの巧みな人は先手を打って主導権を握り、相手を思うがままに動かして、決して自分が相手の思い通りにされることもない。勝算が見えて、やると決めたことは、周りの言葉に惑わされず遂行すべきなのだ。

P86 CASE 6 ほかの人に振り回されない!

本多さん これ 手伝います

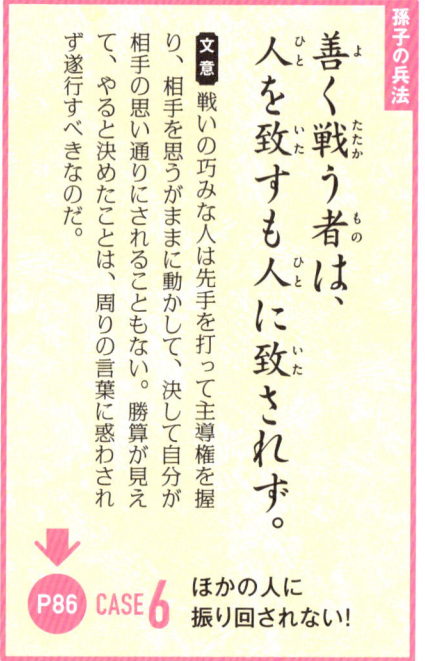

宮川くん！
でも本多さんの仕事量……
キャパ超えてると思うんです

そんなに本多さんに負担がかかるような振り分けにはしていないはずよ
仕事に集中して！
…

あっ
そういえば…
の兵法

孫子の兵法

君命《くんめい》に受《う》けざる所《ところ》有《あ》り。

文意 主君の命令には従ってはならない命令もある。相手が上司でも間違いは指摘すべきだし、間違いを指摘できる部下はよい人材だといえるのだ。

P88 CASE 7

上司の判断の間違いは正すが正解!

自分の仕事に集中しますけども…
本多さんへの振り分け
もう一度確認していただけますか？
孫子の兵法
わかったから
確認するわよ！
あら？
ここは高津くんに振り分けていたはずだけど…

ホッ…
本多さんも言ってくれればいいのに……
って私のせいね
そんなに話しかけづらい雰囲気出してたかしら？
孫子の兵法
…2人にあやまらなきゃね…
私ももうちょっとまじめに読んでみるかな

個人編 1

自分をリーダーだと思って行動する！

読み下し文

将《しょう》とは、智《ち》・信《しん》・仁《じん》・勇《ゆう》・厳《げん》なり。《計篇》

社会人に求められる5つの資質

かつての日本は与えられた仕事を誠実にこなしていれば、それなりに生きることができました。社会全体が一部を突出させない代わりに、落ちこぼれもつくらず調和を保つことをよしとして、安定した社会を形成していました。しかし、終身雇用・年功序列が崩壊しつつある現在、個人の能力が重視されるようになってきました。世間では「勝ち組」「負け組」のようにお金を稼げる人とそうでない人を評価する傾向も見られます。

このような時代に生き残るヒントを孫子の兵法は与えてくれています。孫子の兵法は将軍の資質として、**智＝状況を分析し先を見通す知力**、**信＝部下からの信頼**、**仁＝部下に対する思いやり**、**勇＝困難に立ち向かう勇敢さ**、**厳＝ルールを守る厳しさ**が大切だと説いています。この資質はリーダーに限った話ではなく、「部下」を「同僚」と置き換えれば、社会人であれば誰にでも求められていることだとわかるでしょう。

自らを「将」としてプロデュースする

それではここでいうところの「将」に自分がなるためにはどうしたらよいでしょう。多くの会社ではある程度仕事が任せられ、責任を分担できる人が求められています。**一歩進んで自らの意思でリスクを取って動き、周囲を巻き込んでいく**ような人であれば組織にとって有用な人材であることは間違いありません。一度の失敗で這い上がれなくなる厳しい社会だと、リスクを負うことを極端に嫌う人もいますが、まっとうな会社ならば若い社員がチャレンジに失敗したとしてもそれを受けとめてくれるマージンはあるものです。

社会の仕組みや世の中の情勢にアンテナを張り勉強し（智）、**会社のルールを逸脱せず**（厳）、**怯《ひる》むことなく難しい仕事にチャレンジし**（勇）、**同僚を蹴落《けお》とすような独りよがりにならないこと**（仁）。これらを心がけていれば**仲間や会社に認められ**（信）て、「将」としてひとり立ちすることができるでしょう。

智・信・仁・勇・厳を身につける

リーダーでなくとも将に求められる5つの要素は、優れた人材を目指すのなら欠かせないこと。具体的にどのようなことか見ていきましょう。

「将に必要な」5つの要素

	必要な能力	やるべきこと
智	● 情報の分析能力が長けている。 ● 先を読む力がある。 ● うまい話にだまされない。	● 業界の情報収集を怠らない。 ● 経験を蓄積して忘れない。 ● 次に自分がどう動くか考え続ける。
信	● 誠実さがある。 ● ブレない信念を持っている。 ● 他人から信頼される。	● ウソをつかない。 ● 相手によって態度を変えない。 ● 仕事を途中で投げ出さない。
仁	● 仲間意識を持っている。 ● 他人をいたわれる。 ● ミスを許せる。	● 他人のために動く。 ● ねぎらいの言葉をかける。 ● 他人のミスをあげつらわない。
勇	● 困難に立ち向かえる。 ● 思いきりのよさがある。 ● 一旦引き下がることができる。	● 難しい案件から逃げない。 ● 失敗を恐れない。 ● 決断をすばやく行う。
厳	● ルールを厳格に守る。 ● 公平さがある。 ● 責任感がある。	● ルールを明確にする。 ● 自分のミスは隠さない。 ● ミスを他人に押しつけない。

仁と厳はバランスが大事!

思いやりと厳しさは表裏一体。偏らないように気をつけましょう。

人に対して優しさのみだと…

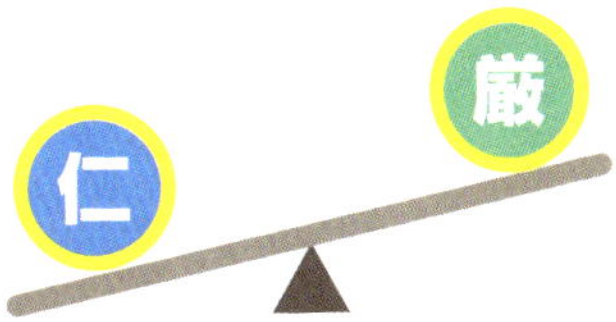

- 馴れ合い、緊張感が失われる。
- 舐《な》められてしまう。

ルールで縛って厳しいだけだと…

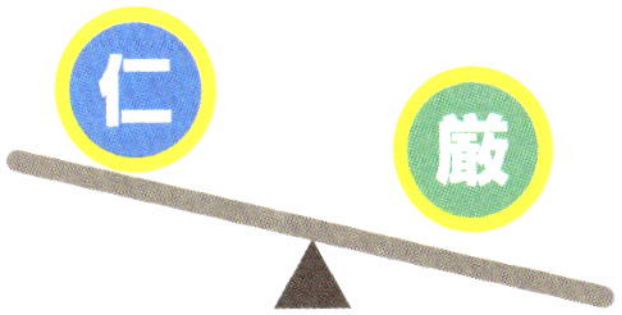

- 誰もついてこなくなる。
- いつか裏切られてしまう。

個人編 2

仲間の弱みをフォローしよう！

読み下し文

兵《へい》の形《かたち》は実《じつ》を避《さ》けて虚《きょ》を撃《う》つ。《虚実篇》

まだ誰も考えついていないことはあなたも考えつかない

ビジネスで成功するには、まだ他社が参入していない市場を開拓するのは命題といえるほど大切です。「他社との差別化を」「オリジナリティを」などのスローガンを唱えている会社は多いでしょう。

孫子の兵法でも布陣がされていて敵が多いところ＝「実」を堂々と攻撃するのではなく、**敵がまさかこんなところは攻められないだろうと思っている手薄な「虚」**を、流れる水のように柔軟に攻撃せよと説いています。

ビジネスでは、この「虚」を見つけることが非常に難しく、「簡単に画期的なことを思いつくなら苦労しない！」と思っている人も多いでしょう。「これは斬新だ！」とひらめいても、少し調べてみたらすでに誰かがやっていることだったりします。また、仮に新しいことを思いついたとしても、そこに資源を投入して採算が取れるかわからないため、踏み出すのには大変勇気がいります。成功するには**普段から好奇心旺盛にいろいろな情報を集め、目新しいものがあったら深く調べる**などの努力が必要です。

社内ならば「虚」を見つけることは難しくない！

ビジネスの世界では「虚」を攻めるのは大変厳しいと言いましたが、**社内でメンバーの「虚」を攻める**ことはそう難しいことではありません。「デスクワークが苦手な人」「数字を覚えるのが苦手な人」「パソコンが苦手な人」など、少し注意して観察すれば特性が見えてくるものです。このような**苦手分野をフォローするように動けばよい**のです。例えば上司と得意先に営業に行ったとします。先方から原価率を聞かれたときに上司が数字を覚えておらず答えられなかったときに「帰ってから連絡します」ではなく、「〇〇%となっています」とあなたが即答できれば、上司や得意先の覚えもめでたいものになるでしょう。特に画期的なことをひねり出せなくても「あいつデキるな」と評価され、社内でのポジションを獲得することができるのです。

仲間の「虚」をフォローする

一緒に仕事をする仲間であれば、よく観察すれば「虚」＝苦手なことは見えてくるもの。自分なりのやり方で助けてあげるようにしましょう。

上司・同僚を観察して苦手分野を知る

パソコンに不慣れ?
書類作成が苦手?
若い人と話せていない?
細かい数字を気にしない?

相手の苦手分野を補完すれば評価UP！

書類作成が苦手な人には……

一例 **書類のテンプレートを作って共有!**

定形の書類などは、簡単に作れるようにしておきましょう。どこをどういじればよいのか分かるように、簡単なマニュアルを作っておくのもいいでしょう。

パソコンに不慣れな人には……

一例 **パソコントラブルの解決を買って出る!**

年配の上司や、機械の苦手な女子社員のパソコントラブルは積極的に解決しましょう。メールの文字化け、動かなくなった機器の再起動などやれることはいろいろあります。

若手との会話が進まない年配の上司には……

一例 **間に立って話題を提供する！**

若い社員との間に入って共通しそうな話題を振ってみましょう。年配でも、流行りモノの話題にまったく興味がないわけではないものです。

細かい数字を忘れがちな人には……

一例 **原価率や単価を即答できるようにする!**

原価率は…
単価は…

客先で金額に関する数字の話題が出たときにすぐ答えられるように、重要な数字はメモに書き込んだり、表などを貼り付けておいたりしましょう。

個人編
3

「勝つ」より「負けない」を意識する！

読み下し文

先《ま》ず勝《か》つべからざるを為《な》して、以《もっ》て敵《てき》の勝《か》つべきを待《ま》つ。《形篇》

「勝つ」戦い方よりも「負けない」戦い方を心がける

「攻撃は最大の防御」とはラテン語の格言が元になっていると言われていますが、**孫子の兵法では攻撃して勝つことよりもまず負けないことが大事**で、敵に負けない態勢をつくるのは自軍次第であると説いています。相手が強そうならノーガードで殴り合うのではなく、**消耗しないようにじっと防御を固めて、そのまま引き分けになってでも負けるよりはいい**というのです。相手が攻め疲れたところを狙って、一気にカウンターアタックを仕掛けるのが試合巧者だということでしょう。

さてこの兵法をビジネスの現場に当てはめてみると、能力は秀でているのに脇が甘くて残念……という人がいます。仕事は早いのに遅刻が多い人、たくさん仕事を取ってこられるけれどお金にだらしない人などです。**最低限のルールやマナー＝防御ができていない**ため、いまいち信用されることがありません。

長所を伸ばすより短所をなくすほうが高コストパフォーマンス

得意分野をアピールすることに熱心で、短所を補《おぎな》うことをおろそかにしてしまうのは若い人が陥りやすい罠です。例えばあなたは英語に堪能だけれど時間にルーズな人だったとしましょう。外資系の取引先に上司と待ち合わせて行くことになりました。上司は直前に喫茶店で打ち合わせをしておきたかったのに、あなたはギリギリにならないと待ち合わせ場所に来ない。すると、上司の印象に残るのは「肝心なときにいないやつ」ではないでしょうか。10分、15分程度のことなのに大変な損をしているといえるでしょう。

短所を補うことは決して難しいことではありません。英語力をさらに磨くよりも、少し早く会社を出るほうがずっとコストパフォーマンスはよいと言えるでしょう。このように**基本的なことの底上げをすることで上司や同僚の信頼を勝ち取ることができます**。これが「防御を固める」ということなのです。

攻撃は最大の防御ではない!?

自分の評価と他人の評価は違うもの。長所を伸ばす(=攻撃)より、短所をなくす(=防御)ほうが、評価アップの近道なのです。

自分の評価
(攻撃重視)

自分は英語が得意!
海外との取引で貢献している

多少遅刻しても大目に
見てもらえるだろう…

他者の評価
(防御重視)

遅刻が多くて
だらしない!!

英語ができても
社会人マナーがダメだ!

長所

英語が得意で、ほかの社員より海外の取引先との交渉が得意。

短所

時間にルーズ。取引先との打ち合わせに遅れることも。

→ **他者の評価**は**悪い点**(=遅刻)に目がいきがち。そのため、**よい点**(=英語力)が正当に**評価されなく**なってしまう。

言われるうちが華

社会に出るといちいち注意をされることがなくなります。わずらわしくないですが、ある意味で残酷でもあります。欠点を指摘してくれる人は貴重なのです。

自分の立場が上司や先輩だった場合、遅刻しないように指摘してあげるのが優しさです。チームの仲間であれば遠慮なく言うべきです。

遅刻してたら
せっかくの英語力も
台無しだよ!

個人編

4

事前の根回しこそが一番大事！

読み下し文

軍争《ぐんそう》の難《かた》きは、迂《う》を以《もっ》て直《ちょく》と為《な》し、患《うれ》いを以《もっ》て利《り》と為《な》せばなり。《軍争篇》

不意に起こるアクシデントを有利に変える

戦闘で大切なのは相手より先に戦場について態勢を整えることだと、孫子の兵法ではさまざまな場面で伝えています。しかし道が崩れていて遠回りをしなくてはならず、目的地に相手より先に到着できないアクシデントがあったとします。このときに、単純に急いで進むことを選択していては将軍失格です。急がせたため兵士は疲れ果て、戦ったら負けてしまうでしょう。こんなときは馬鹿正直に目的地まで行かず、不利な立場を逆手に取り、手前で待ち構えて敵にさらなる行軍を強いるのが賢いやり方というものです。**遠回りをしなければならなかった状況を勝ちパターンへの最短距離に変える**のです。

現代のビジネスで遠回り＝「迂《う》」を勝利への近道＝「直」に変えるもののひとつに「根回し」があります。

「根回し」はビジネスパーソンの必須スキル

「根回し」と聞くと誰かを陥れるために陰でこそこそと暗躍するネガティブなイメージや、会議の場でドラマチックな大逆転を演じる手法というイメージを抱いてはいませんか？　そうであれば認識を改めましょう。**「根回し」はビジネスパーソンには欠かせないスキルです。**

会議で何か斬新な提案をする場合、それがどんなに画期的なことであっても、いきなりその場で聞かされた人は戸惑います。会議に出席したらまったく聞いたことのないことが議題に上がっているのです。意見を言おうにもこれから検討しなければならず、会議も長引いてしまいます。事前に「根回し」して議題についての情報を教えておけば、出席者は会議前に考える時間がもらえて無駄は省けます。つまり**「根回し」は自分の時間を削って会議に臨む人のための〝思いやり〟**ともいえるでしょう。「根回し」することで新しいアイデアをもらえたり、反対意見を取り入れられるというメリットもあるのです。

根回し上手になるためには?

根回し下手だと提案がどんなに正しいものでも先送りにされてしまいます。
そうならないために、正しい根回しのやり方を覚えましょう。

1 ネガティブな意識を捨てる

根回しに陰でコソコソ動いて誰かを陥れるようなダーティーなイメージを持っていませんか。ドラマや映画の見すぎです。

会議の場で一から検討してもらうのではなく、先に提案を見せて共有できます。疑問点などを考える時間を与える“思いやり”の行為だと考えましょう。

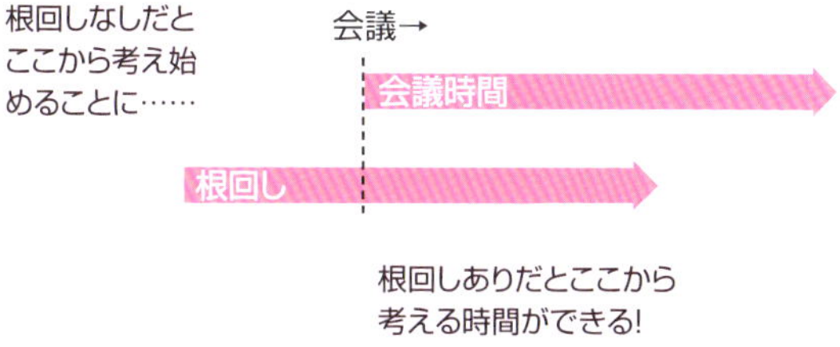
根回しなしだとここから考え始めることに……
会議→
会議時間
根回し
根回しありだとここから考える時間ができる!

2 キーパーソンを見つける

キーパーソンとは部長や常務といった上位の意思決定者に影響力を持つ人のことです。社内の人間観察をしましょう。

予算関係に影響力を持つ人

経理部と良好な関係を築けている人などです。お金には逆らえません。

会議の席で意見がよく賛同される人

思慮深さが評価されているのか、単なる人徳か、発言を注目される人がいます。

企画や提案がよく通る人

企画書

いわずもがな、企画の通し方をよく知っている人物です。意見を聞いて損はありません。

3 根回しの順番を考える

根回しの相手の順番を間違えると、うまくいかないばかりかマイナスの評価をされてしまうこともあります。

① 直属の上司

提案についての合否と提案によって不利益を被《こうむ》りそうな人（反対派）を聞き出します。

▶

② 賛成派

提案に賛成してくれる人には、提案のブラッシュアップを手伝ってもらいましょう。

▶

③ 反対派

相談という形で意見を聞き出しましょう。相談して案をもらうことで、自分の意見が取り入れられたと思ってもらえます。

▶

④ 意思決定者

提案の説明をしながら○○さんと△△さんの同意を得ていますと言いましょう。

個人編 5

突飛《とっぴ》でなく「地続き」の仕事を！

読み下し文

遠《とお》き形《かたち》には、勢《いきお》い均《ひとし》ければ以《もっ》て戦《たたか》いを挑《いど》み難《がた》く、戦《たたか》わば而《すなわ》ち不利《ふり》なり。《地形篇》

仕事の領土拡大は地続きで攻めるほうが効果が高い

孫子の兵法では、勢力が同程度の敵味方が遠く離れて対《たい》峙《じ》している場合、待ち構えている相手を攻めるのは難しく、無理に攻め込むと不利になってしまうと説いています。

遠くの敵＝今の仕事とはまったく異なる分野と置き換えてみましょう。例えば、あなたが電車の広告や雑誌で「これからのビジネスは中国市場！」という文を目にしたとしましょう。成功者の体験談に感化されて「中国語を勉強しよう」と思うかもしれません。しかし今のあなたが国内の決まった取引先を回る営業マンだったら中国語はすぐに仕事で役に立つでしょうか？

また**門外漢のことを覚えようとしても身につけるのはとても難しい**ものです。半端な結果に終わり、無駄な労力になってしまうかもしれません。

新しいことを勉強しようという姿勢はとても素晴らしいことです。しかし**社会人には時間や成果という制約がある**ことを忘れてはいけません。今とかけ離れている"飛び地"の分野の勉強に四苦八苦するよりも、今の仕事の経験や知識の延長線上にある**「地続き」の分野から始めて、少しずつ領域を広げていくのが効果的**だといえるでしょう。

転職を考えるならそれまでの経験と地続きが無難

すでに何年か同じ業界で働いていたのに、まったく違う業界に転職しようとする人がいます。違う世界に飛び込むということは、それまでの経験や知識を捨て去り、またゼロからキャリアを積み上げていくということにほかなりません。**経験と知識を得るために費やした時間を捨ててまで、転職する意味があるのか、**よく考える必要があります。このコスト意識を欠いたまま転職活動をすると、「こんなはずではなかった……」と後悔することになるでしょう。

転職先の選択についても、それまでの**経験が活かせる職種で攻めれば、時間を無駄にすることなくキャリアアップを図ることができる**でしょう。

今の延長線上の仕事を探る

社会人の時間は有限です。次に何を勉強したら自分がステップアップできるか、よく考えて取り組むようにしましょう。

今の自分から近いところの勉強から始めよう

現在の自分
上司や先輩の仕事から、必要なことを学んで身につける。
今の業務に関係のある勉強
会社の計画やビジョンから、将来どのような仕事が生まれるかを研究する。
将来の業務に関係のある勉強

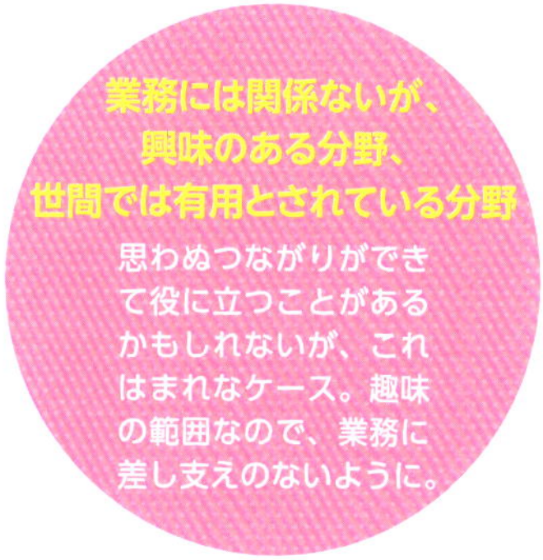
業務には関係ないが、興味のある分野、世間では有用とされている分野
思わぬつながりができて役に立つことがあるかもしれないが、これはまれなケース。趣味の範囲なので、業務に差し支えのないように。

左の円は自分の仕事と関係ある領域。右の円はそれ以外の領域です。左の円に関する知識を優先して習得し、右の円の領域は、余った時間で身につけるぐらいで考えましょう。

将来のモデルとなる人を見つけよう

ステップアップしていきたいと思っても、10年後20年後の自分の姿を想像するのは難しいもの。身近にいる人を観察して参考にしよう。

[モデルになる人の見つけ方]

❶ **自分にとっての幸せな人生**が何か？ を考える。

▼

❷ **自分の想像する「幸せな人生」**を送っていると思う人物を見つける。

▼

❸ その人物を観察して、**今の自分との違いを見つけ、足りないものがあるのなら埋める**ための行動をする。

個人編 6

ほかの人に振り回されない！

読み下し文

善《よ》く戦《たたか》う者《もの》は、人《ひと》を致《いた》すも人《ひと》に致《いた》されず。《虚実篇》

相手に振り回されずに主導権を握る

「人を致す」とは他人を自分の思うように動かすこと、「人に致されず」とは他人の思うように自分が動かされないことです。**他人に左右されず、自分の思惑通りに相手を動かすことができれば、勝ちは確実**であると、主導権を握ることの大切さを孫子の兵法では説いています。

ビジネスの現場で**他人に主導権を握られてしまうと、自分の都合よりも相手の都合が優先されて、振り回される**ことになってしまいます。

例えば上司に呼び止められて急ぎの仕事を振られてしまう、取引先から電話がかかってきて急な対応を求められてしまうなどの状況は誰にでもあることでしょう。

このような予定外の仕事を受身の姿勢で指示通り順番にこなしていこうとすると、自分の抱えていた仕事のスケジュールはガタガタになり、いつも仕事に追われてしまうことになります。

先回りをして急に振られる仕事を回避する

仕事に追われないように主導権を握るためには、**先回りして動くこと**が重要になってきます。上司に急な仕事を振られないためには、抱えている仕事の進捗を先に報告して余裕がないことをそれとなく伝えたり、共有のスケジュールを埋めてしまったりすることで、ある程度躊躇《ちょうちょ》させることができます。

それでも強引に仕事を振られてしまうこともあります。その場合は先回りで「何日までにならできます」と余裕を見たスケジュールを先に宣言してみましょう。「それでいいよ」と了承してくれるかもしれません。「もっと早く終わらせろ」と言われた場合は「いつまでにできればいいのか」「現在抱えている仕事をほかの人に振ってまでやるべきか」と聞いてみましょう。それ以上の無理強いはしにくくなるものです。

ただしいくら主導権を握りたいからといって、**自分の主張だけ押しつけるのでは反感を買ってしまいます**。よっぽどでなければ相手の話は肯定しておきましょう。

自分を見失わないために

人に振り回されないようにしようといっても、自己中になるというわけではありません。
自分を見失わず、しっかりと意見を言えるようになりましょう。

心得1 「人にどう思われるか」よりも「自分はどうしたいか」

他人の目を気にするということは自分に自信がない表れ。社会的なルールとは別に、自分自身の中に「ここまでは許せる」「ここからは許せない」など「自分はどうしたいのか」のルールを作りましょう。

心得2 何を言ってもダメ出しをされることはあると悟る

反対意見を言われたり批判されたとしても、自分の人格も攻撃されたと思いこまないように。誰もが賛成することなどこの世にはないので、ダメ出しは必ずあるものと考え、モチベーションを保つようにしましょう。

心得3 余計な背伸びをしない

知らないことは「知らない」と言い、できないことは「できない」と言う。知ったかぶりは後で恥をかくし、「できる」と言ったのにできなかったら信用されません。結果、自分を見失うことにつながります。

心得4 人はそんなに自分のことを見ていないと知る

あなたはアイドルや有名人ではありません。あなたを逐一監視しているような暇人はいないし、何か恥ずかしい失敗をしても、ずっと覚えている人もいません。他人の目を気にしすぎないようにしましょう。

個人編
7
上司の判断の間違いは正すが正解！

読み下し文

塗《みち》に由《よ》らざる所《ところ》有《あ》り。軍《ぐん》に撃《う》たざる所《ところ》有《あ》り。城《しろ》に攻《せ》めざる所《ところ》有《あ》り。地《ち》に争《あらそ》わざる所《ところ》有《あ》り。君命《くんめい》に受《う》けざる所《ところ》有《あ》り。
《九変篇》

間違った命令には背《そむ》くことも必要

孫子の兵法では、通ってはいけない道、攻めてはいけない城、戦ってはいけない土地、そして従ってはいけない命令があると書かれています。この従ってはいけない命令については地形篇で「自軍に勝算があるときは、主君が戦うなと言っても将軍は自分の判断で戦ってよく、逆に勝算がない場合は主君が戦えと命じても戦ってはいけない」とも書かれています。

命令のままに仕事をするのは楽なものです。上司からの命令であれば、判断に誤りがあっても自分が責任を負うこともなく、余計な波風が立つこともありません。しかしそれではあなたの存在価値はありません。**上司からの命令でもそれが正しくないことならば、会社の利益のために異を唱えなければなりません。**

現場の情報を一番持っている人が正しいことが多い

どんなに優れた上司でも現場の状況やデータをすべて把握しているわけではありません。むしろ都合の悪い情報ほど届いていない可能性があります。上司の指示は誤った情報を元に出されているかもしれないのです。

例えば現場の感覚や過去の実績から売上の伸びしろがないと思われる商品を、上司から「売ってこい」と指示された場合、**現場感覚と情報を持っている部下は指示に従うか否かの判断をしなければなりません**。指示を無視したり、ただ単に「無理です」と言うだけでは命令不服従のダメ社員ととられてしまいます。「面倒くさい」「自分が損する」といった**個人的な思惑ではなく、会社や組織の利益を最優先する**ことを前提に、データなど客観的な情報を示して説得するのが正解です。

上司の立場であるならば、**部下の異論は積極的に求めていきましょう**。命令に従わないからといって感情的に怒ってはいけません。

仕事で実践！

上司に上手に逆らう方法

偉きゃ黒でも白になるのが会社勤めの辛いところ。しかし間違っていることに「間違っている」、無理なことに「無理だ」と言えないのは健全な会社とはいえません。

上司に無茶な要求をされたら

「今期の売上を3倍にしろ!」など現実的でないことを求められた

Action! 無視する
Reaction 人の話を聞いていないやつだ
何を言ってもどうせ聞いてないから無駄だと思われたらおしまい。評価を下げるだけでなく、社内でのポジションを失いかねない。
→ 評価down

Action! 言われるがまま頑張ってみる
当然結果は出ない
疲労やストレスが溜まるだけ…。
Reaction 能力のないやつだ
→ 評価down

Action! 無理であることの根拠をそろえる
無理な理由は市場や他にあった
Reaction 仕方ないか……よく調べたな
→ 評価up

無理な理由は自分の能力不足
代案あり
Reaction じゃあそれでやってみようか
→ 評価up

代案なし
→ 能力のないやつだ

ポイントは「根拠」と「代案」

無理な要求をされたときには、なぜそれが無理なのかを論理的に説明するか、「これくらいならできる」などの代案を示すことが大切です。

具体的な対応例

上司の発言に「それはちょっと違うのではないか」と思った

× ストレートに「それはおかしい」と指摘する。
頭ごなしの否定は、たとえそれが正論だったとしても聞き入れにくいもの。うとまれて冷遇されてしまうことも。

△ 反論したら怒らせるだけ。何も言わずに黙っている。
語句の誤用程度ならば放っておいてもいいが、業務に差し支えかねないことだった場合、放置すると傷口が広がる。

○ 一旦受け止めて「自分はこう思ったのですが」と意見を述べる。
角が立たないように自分の考えを言うのが正解。ただしそれでも上司が意見を曲げなかった場合は素直に従うこと。

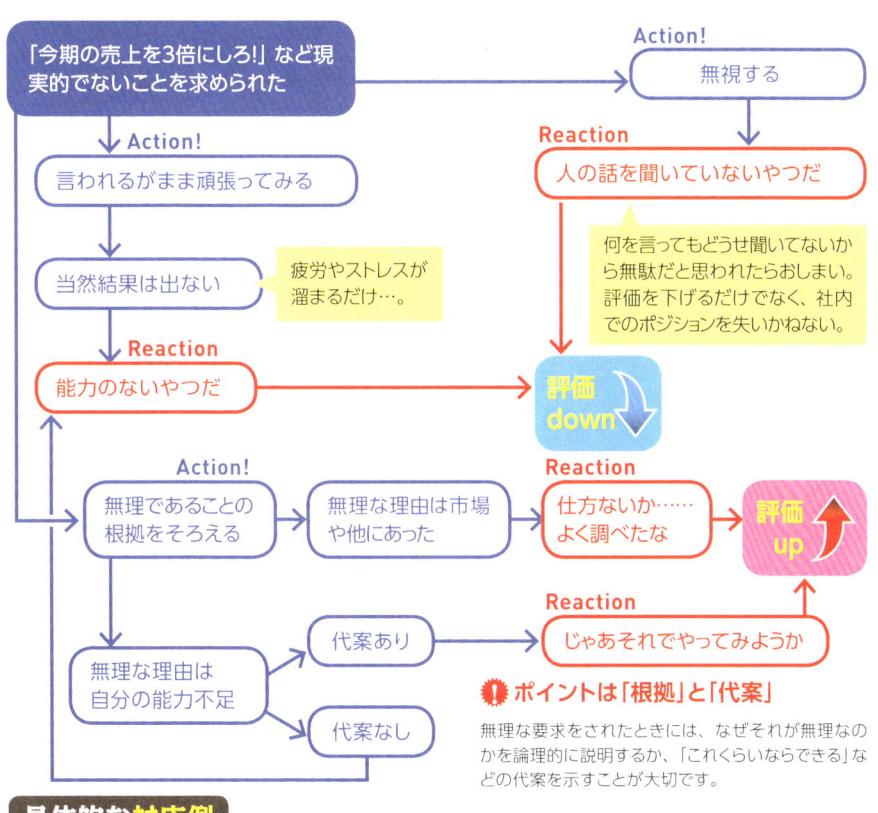

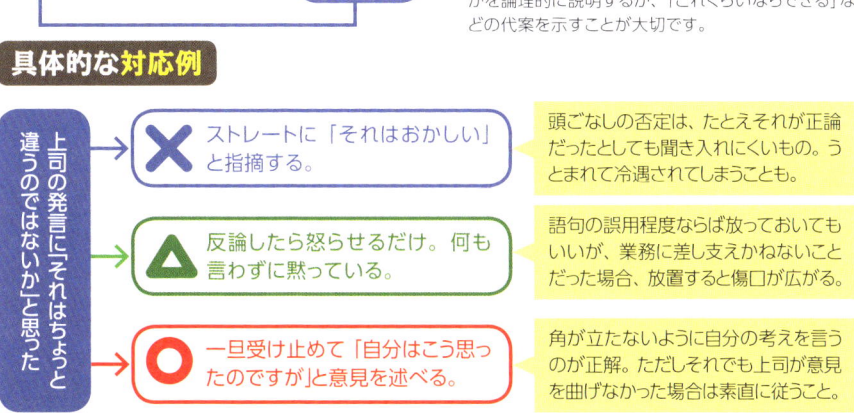

齋藤流
仕事に生きるアイデア

2

人間関係を保つ「風林火山」

武田信玄の旗印として有名な「風林火山」ですが、これのオリジナルは『孫子』です（➡P26）。戦場では、機動力を駆使して臨機応変に戦えということの教えですが、これは戦場だけでなくビジネスの現場でも有効な教えなのです。

例えば、何かトラブルを起こして取引先に迷惑をかけてしまった場合、**「風」のように素早く**菓子折りを持って謝りに行けば、心証はよくなるでしょう。社内で派閥争いなどが起きているのなら、**「林」のように事態を静観**しておくのが賢いやり方かもしれません。企画を通したいのならば、ネタを出し惜しみせず**「火」のように一《いっ》気《き》呵《か》成《せい》に**上司を説得したほうがインパクトは大きいものです。譲れない点があるのならば、**「山」のように動かず**死守するのがいいでしょう。

ちなみに武田信玄は取り入れませんでしたが、『孫子』では「知《し》り難《がた》きこと陰《かげ》の如《ごと》く、動《うご》くこと雷《いかずち》の震《ふる》うが如《ごと》く…」と続きます。暗闇のように実態を隠し、雷鳴のように突然動き出せというものです。これを現代の仕事に置き換えてみれば、嫌な仕事でも顔に出すことなくひたむきに頑張る人は信頼されますし、雷のようにスパッと自分で決断できるのは素晴らしい人材だとわかるでしょう。

仕事にトラブルはつきものです。そして**トラブルは人間関係の悪化とワンセットの場合が多々あります。**仕事上起こってしまったトラブルは仕方ないものとしても、それをフォローしないために疎遠になったり、疎遠な関係だからトラブルが起こったりするものです。直接話したくないからと、メールだけで済まそうとするのもあまりいい判断であるとは言えません。言葉を選んで入力しているつもりで慇懃《いんぎん》無《ぶ》礼《れい》になってしまっていたり、こちらの誠意が正しく伝わらなかったりして、険悪な関係になってしまうことがあります。このように、仕事はいつも「風林火山」の考えで、柔軟かつ臨機応変に対応するのがよいでしょう。

3章

指導者編

The team leader

リーダーとして成長するには

商品企画二課
受付の新人の子に彼氏いるか聞いてきてよ
はあ…。
自分で行ってくださいよ
俺警戒されちゃってるみたいでさー
知りませんよ！自業自得でしょ
りょーうーたーくーん
ベターっ
ちょっやめっ！
ミキ
あれやめさせたほうがいいですよね？スキンシップにしても
あの程度のじゃれあいなら大丈夫じゃないでしょうか

あと
叱るときは
相手の人柄に
応じた叱り方が
ありますよ
まずは
ほめて伸ばす
ことから
はじめては？

高津くんを
ほめる……？
ナンパする高津
ナンパする高津
ナンパする高津
ナンパする高津
ワン

孫子の兵法

卒《そつ》未《いま》だ榑《せん》親《しん》ならざるに而《しか》も之《こ》れを罰《ばっ》すれば、則《すなわ》ち服《ふく》さず。

文意 兵士たちがまだ将軍に対して心をひとつにして親しんでいないのに、彼らを処罰したりすれば、彼らは将軍の命令に心服しない。コミュニケーションが足りていない状態で叱ると、素直に聞いてもらえないなど逆効果になることもある。

P108 CASE1 ダメでもまずはプラスをほめる!

犬って!?
誰でもいいんか!
私もあれくらいフレンドリーに接したほうがいいのでしょうか?
雑談はおすすめしますよ
あれはともかくとして…
はぁ…

孫子の兵法

之《こ》れを合《がっ》するに交《まじわり》を以《もっ》てし、之《こ》れを済《ひとし》くするに武《ぶ》を以《もっ》てするは、是《こ》れを必取《ひっしゅ》と謂《い》う。

文意 兵士たちの心をひとつにまとめるには、彼らと親密に交わり、兵士たちの行動を統制するのに刑罰の武威《ぶい》を用いる。これが「軍の団結と統制を勝ち取る」ということである。締めるべきところでは締めつつも、親密さがないとよい上司とは言いがたいだろう。

P110 CASE 2 雑談力と質問力が活性化のカナメ!

規律を守る言動も大切ですが
疎《うと》まれず飽きられない質問の仕方がリーダーには必要なんですよ
どこ出身だっけ?
→2回目
まさか健忘症?
彼氏いないの?
セクハラ!

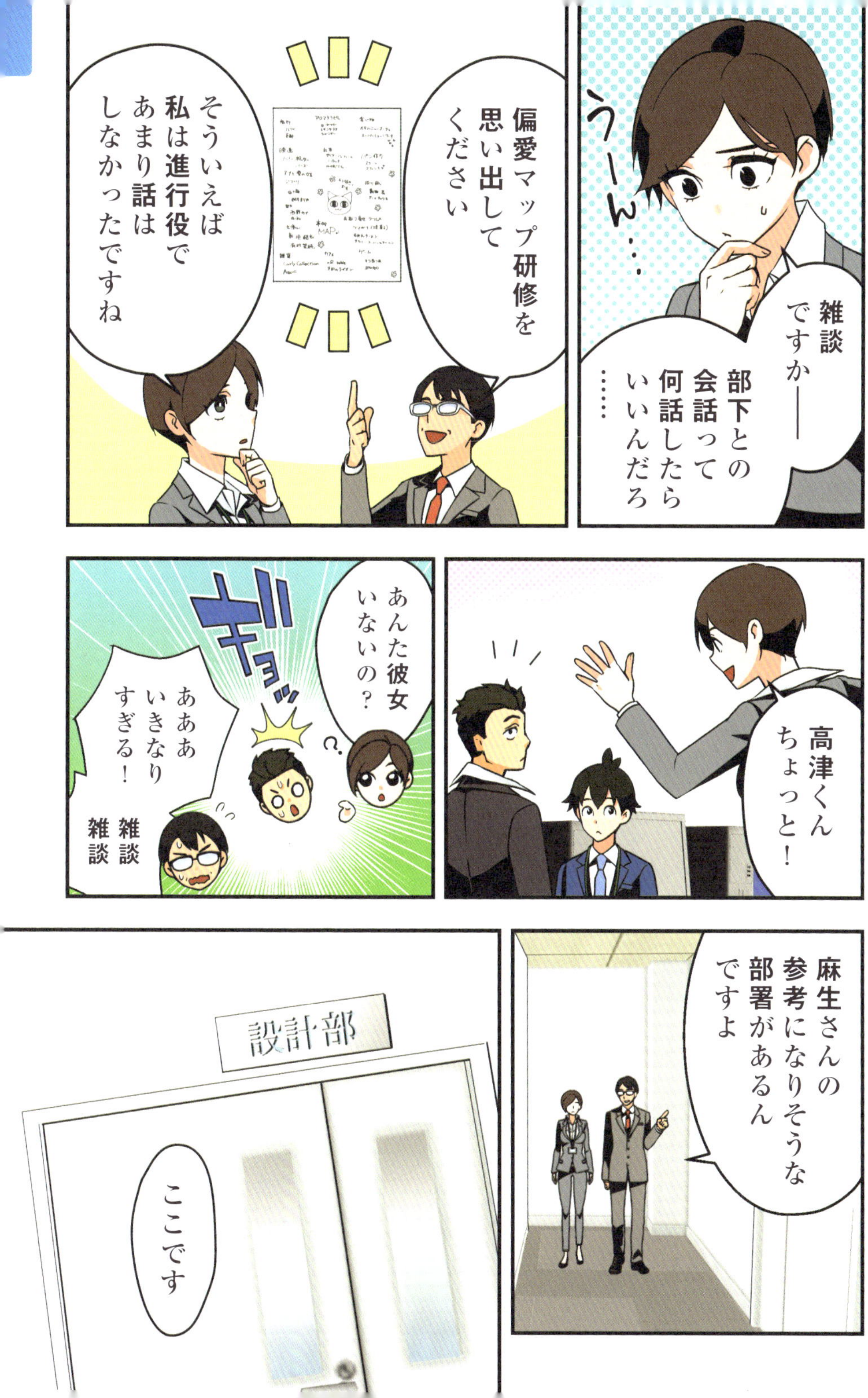
うーん・・・
雑談ですかーー
部下との会話って何話したらいいんだろ……
偏愛マップ研修を思い出してください
そういえば私は進行役であまり話はしなかったですね
高津くんちょっと！
あんた彼女いないの？
ギョッ
あああいきなりすぎる！
雑談 雑談
麻生さんの参考になりそうな部署があるんですよ
設計部
ここです

マカロニ！
△△社の資料どうした？
あ ボス
スニーカーが持ってます！
ボス!?
おい スニーカー
ウス これっす！

おう
タカちゃん
待たせたな
頼まれた
資料だ
ところで
キミの名前
なんだったかな？
あ
麻生千夏です
そうか
なっちゃん
なっちゃん？
新企画用
だってね
よろしく
たのむよ
は
はい
タカちゃん
って……
ここくると
そう呼ばれるん
だよね

孫子の兵法

卒《そつ》を視《み》ること嬰児《えいじ》の如《ごと》し。

文意 普段から将軍は、兵士たちを愛おしい赤ん坊のように見守るべきだ（そうすれば、いざというときに兵士たちを深い谷底へでも引率できるのである）。

P112 CASE 3 “あだ名作戦”で距離を縮めよう!

マ
マキちゃん
ポカン…
お昼
いっしょに
どう？
ガタタッ
！！？
ニコニコ
いきなりは
無理が
ありませんか？
そのうち
慣れる
ものですよ
ありがと
は はい
喜んで
コン
コン
ガチャッ
千夏さん

さっきの資料使うのちょっと待ったってボスが
何かありました？
□□社が新しい製品出すみたいなんです
これって……
今うちが企画しているのとそっくりじゃない
まずいですか
まずいどころじゃないわ
どうしよう
今になって一《いち》からやりなおし……

みんなやる気なくなっちゃうんじゃ……
ゾロゾロ。
包み隠さず言ってみなさい
人は追い詰められてこそ成長するものです
みなさんそんなにヤワじゃありませんよ

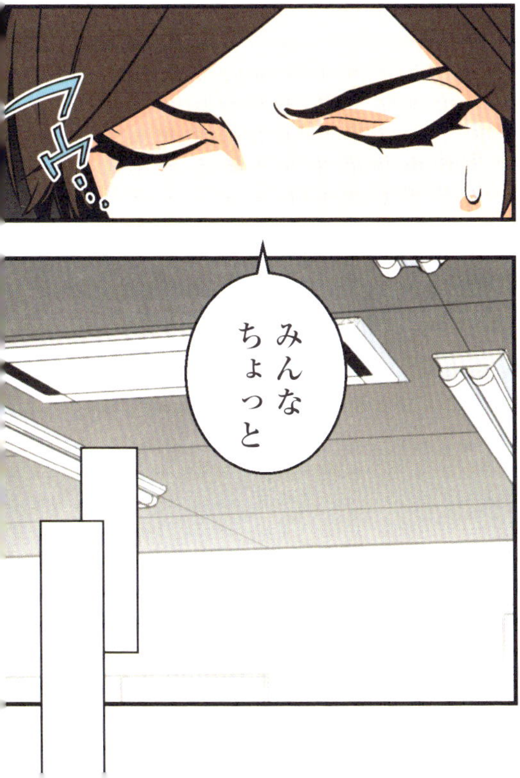
フゥ…。
みんなちょっと

孫子の兵法

善《よ》く兵《へい》を用《もち》うる者《もの》の、手《て》を攜《たずさ》うること一人《いちにん》を使《つか》うが若《ごと》きは、已《や》むを得《え》ざらしむればなり。

文意 軍隊の運用がうまい者が、軍全体を連携させる。その様子が、まるで一人の人間を使いこなすかのようであるのは、兵士たちを嫌でもそうせざるを得ない境遇に仕向けるからだ。つまり、有能なリーダーは、窮地を演出することでチームをうまく統率できるのだ。

P114 CASE 4
“いい窮地”がメンバー結束の秘訣!

——と いうことで
先に発表された以上
このままだと企画が通らない可能性が高いの
価格勝負っすか？
別の機能とか
マネされた？
ブツブツ‥
情報漏《も》れた？
麻生さん
今回は間に合わないかなと思っていたんですけど……
ドン
新企画
お掃除機能付き
エスプレッソマシーン

……この線でいきましょう

マキちゃんとツトムくんは素材を再検討してコストダウンを
はい!
亮太くんと武典くんは新機能のほうを
はい!
時間がないわみんなよろしくね!

孫子の兵法

謹《つつし》み養《やしな》いて労《ろう》すること勿《な》く、気《き》を幷《あ》わせ力《ちから》を積《つ》み、兵《へい》を運《めぐ》らして計謀《けいぼう》し、測《はか》る可《べ》からざるを為《な》し、之《こ》れを往《ゆ》く所《ところ》毋《な》きに投《とう》ずれば、死《し》すとも且《は》た北《に》げず。

文意 慎重に兵士たちを疲労させないように休息させ、士気をひとつにまとめ戦力を蓄え、複雑に軍を移動させて策謀をめぐらせ、自軍の兵士たちにも目的地を推測されないよう細工しながら、最後に軍を八方ふさがりの状況に投げ込めば、兵士たちは死にもの狂いで戦い、敗走しない。「自分にはできない」という部下でも、やらざるを得ない状況に追い込まれれば意外とやれてしまうものなのだ。

P116 CASE 5 成長のために「追い込む」のも必要!

孫子の兵法

将《しょう》に五危《ごき》あり。必死《ひっし》は殺《ころ》され、必生《ひっせい》は虜《とりこ》にされ、忿速《ふんそく》は侮《あなど》られ、潔廉《けつれん》は辱《はずかし》められ、愛民《あいみん》は煩《わずら》わさる。

文意 将軍には5つの危険がつきまとう。①思慮に欠け決死の勇気だけのものは殺されてしまう。②勇気に欠け生き延びることしか頭にないものは捕虜にされてしまう。③怒りっぽく短気なものは侮蔑されて計略にひっかかってしまう。④名誉を重んじ清廉潔《せいれんけつ》白《ぱく》なものは侮辱《ぶじょく》されて罠に陥ってしまう。⑤人情深く兵士をいたわるものは兵士の世話に苦労がたえない。

P118 CASE 6
リーダーにありがちな“5つの危険”

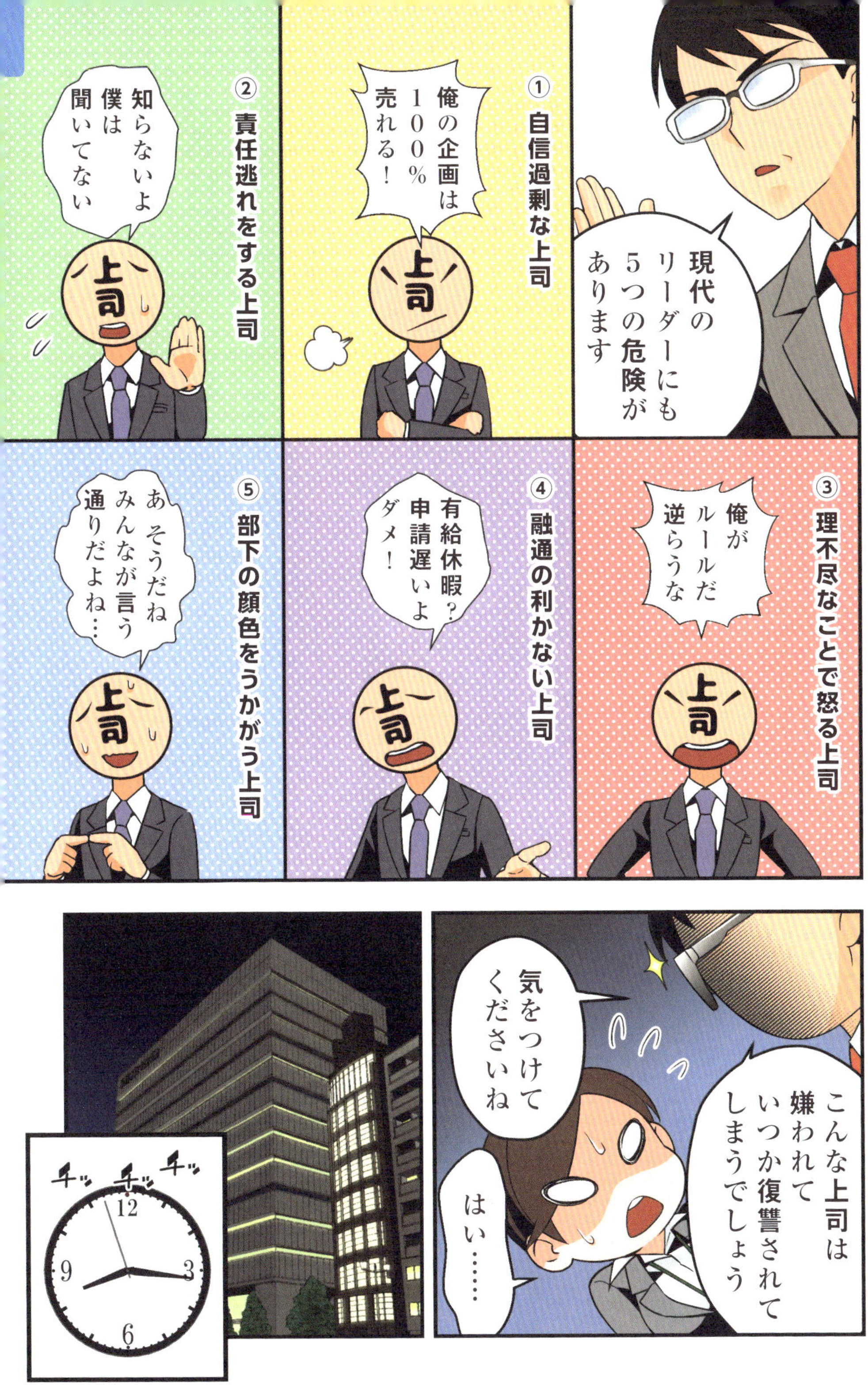
現代のリーダーにも5つの危険があります
①自信過剰な上司
俺の企画は100%売れる!
上司
②責任逃れをする上司
知らないよ僕は聞いてない
上司
③理不尽なことで怒る上司
俺がルールだ逆らうな
上司
④融通の利かない上司
有給休暇?申請遅いよダメ!
上司
⑤部下の顔色をうかがう上司
あ そうだねみんなが言う通りだよね…
上司
こんな上司は嫌われていつか復讐されてしまうでしょう
気をつけてくださいね
はい……
チッ チッ チッ

社内プレゼンは
明日——
ぐったり…

みんな自分の
成績のためじゃ
なくて
チームで勝つために
全力を尽くして
くれてる

孫子の兵法

進《すす》みて名《な》を求《もと》めず。

文意 主君の命令を振り切って戦闘に突き進むときでも、決して個人の功名心からそうするのではない。（ひたすら民衆の生命を守ることを考え、結果的にそうした行動が主君の利益にかなうような将軍こそが、国家の財産なのである）。

P120 CASE 7 「個」よりも「組織」の利益を考える!

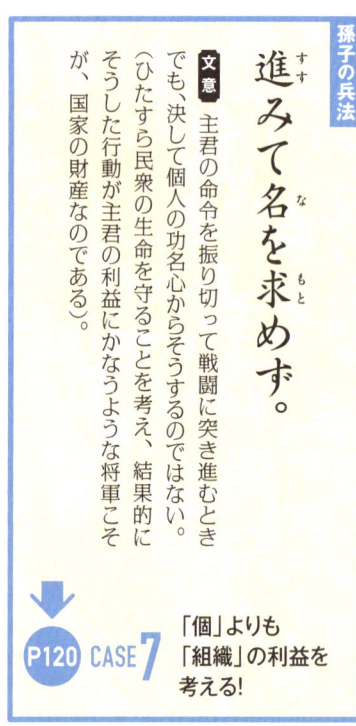

チームの勝利か……

指導者編 1

ダメでもまずはプラスをほめる！

読み下し文

卒《そつ》未《いま》だ槫親《せんしん》ならざるに而《しか》も之《こ》れを罰《ばっ》すれば、則《すなわ》ち服《ふく》さず。服《ふく》さざれば則《すなわ》ち用《もち》い難《がた》きなり。卒《そつ》已《すで》に槫親《せんしん》なるに而《しか》も罰《ばつ》行《おこな》われざれば、則《すなわ》ち用《よう》ならず。《行軍篇》

信頼関係が生まれる前はまずほめるように

孫子の兵法では将軍が兵士と親しくなっていないうちに罰したりすると、兵士は将軍に心から従おうとはせず、統率するのが難しくなると言っています。

信頼関係が築かれていないうちに部下のダメなところを指摘すると、反発心を芽生えさせ、ふて腐れるだけになります。はじめのうちは部下のマイナス面が目についたとしても、それをいちいち指摘せず、**部下の長所に注目**してみましょう。誰かに自分の仕事を見ていてもらえているのはうれしいものですし、さらに長所をほめられれば、部下は「この人は自分のことをよく見てくれている」と感じ、信頼関係の構築ができます。

信頼関係が生まれてから叱るようにする

信頼関係が生まれているのにルール違反や部下のダメなところを注意しないのは、ただの甘さです。孫子の兵法でも**甘やかした兵士は使い物にならない**と説いています。しかし最近では少しキツく注意されただけでくじけてしまう若者が増えていると聞きます。「あんな言い方をされたらモチベーションが下がる」など、注意された内容よりも「言い方」にこだわる傾向もあるようです。

また、嫌われたり辞められたりすることを恐れて部下を叱れない上司も増えています。そんな態度は見透かされて、指示を聞かない部下だらけになります。**叱るべきときにはきちんと叱る必要があります**。しかしただ怒鳴るだけというのはよくありません。叱り方を工夫する必要があります。その日の気分や感情で叱ってはいけません。**叱るときと叱らないときの基準は明確に、論理的に注意する**のがいいでしょう。

仕事で実践！

部下をやる気にさせる上手なほめ方

自分が厳しく育てられたため、部下のほめ方がよくわからない上司が増えています。上司に認められれば部下はうれしいもの。どんどんほめましょう。

ほめ方1 仕事の“過程”のよい面をほめる

- 「面白い視点だ」「よく調べたな」など、仕事に対する取り組み姿勢を評価する。
- 進捗報告を受けたときに「順調じゃないか、頑張ってたもんな」などと努力や工夫を評価する。
- 仕事をやり遂げることで、部下がどれだけ成長できたかを評価する。

ほめ方2 仕事の“成果”をほめる

- どれだけ価値がある仕事だったのか伝える。
- 以前の仕事と比べて、改善できた点をみつける。
- ミーティングの席や朝礼など他人の前で成果を発表する。

部下のやる気を削ぐ叱り方

ときには叱らなければならないときもあります。しかし下手な叱り方をするとチームの人間関係がギクシャクしてしまうこともあります。

叱り方1 叱る基準を設ける

その日の気分で叱ったり叱らなかったりすると、部下が叱責を軽く見る、チームの雰囲気が悪くなるといった害ばかりに。基準を設けて叱ることで、よい緊張感が生まれます。

叱り方2 規律を守るために叱る

会社のルール違反や命令無視には規律を守るため怒っていることを示し、きちんと叱ること。理由を示さず指摘するのは逆効果。本人が無自覚な場合が多く、気づきを与える意味があります。

叱り方3 改善策を考える

ミスやノルマの未達成などは本人が自覚していることが多いため、頭ごなしに叱ると反抗心を抱かせるだけに。注意を与えるイメージでどうしたら改善するのか、具体策を考えさせましょう。

叱り方4 叱る相手のタイプを見る

叱る相手にはいろいろなタイプがいます。コミュニケーションを大切にしている部下は本人よりも組織やチームにかけた迷惑について指摘するなど、相手によって叱り方を変えましょう。

指導者編

2

雑談力と質問力が活性化のカナメ！

読み下し文

之《こ》れを合《がっ》するに交《まじわり》を以《もっ》てし、之《こ》れを済《ひとし》くするに武《ぶ》を以《もっ》てするは、是《こ》れを必取《ひっしゅ》と謂《い》う。《行軍篇》

チーム強化のため部下との親交を深める

将軍は部下と普段から親密に交わり、ルール違反には毅《き》然《ぜん》として対処すれば、軍隊は自《おの》ずと一致団結するようになると説いています。**この兵法で注目すべきなのは「交」です**。つきあいが深い友人であれば、お互いに多少キツイことを言ったとしてもその関係が簡単に崩れることはありません。同じように、**会社組織もメンバー同士が言いたいことを言えるようにつきあいを深めることが大切**なのです。

日本経済が強かったころの会社は社員旅行や社内運動会、仕事終わりには飲み会といったようにお互いをよく知る場が多くありました。最近ではその良さが見直され、イベントを復活させる会社もあるようです。しかし若い人には仕事とプライベートを分けたがっている人が増えていて、逆効果だったりもします。

飲み会よりも質問力を鍛えて雑談を増やす

強制的なイベントや飲み会のような負担をかけずに、手っ取り早く親密な関係を築く手段があります。それが「**雑談**」です。会議の直後や、廊下ですれ違ったとき、お昼休みの余った時間など、雑談のタイミングはいくらでもあります。**話題は趣味やスポーツ、家族のことなど内容は何でも構いません**。自分から問いかけるのが基本です。ただし同じ質問ばかりでは飽きられてしまいます。また、あまりプライベートに立ち入る質問も控えるべきでしょう。**疎《うと》まれず飽きられない「質問力」を身につける**ことを心がけましょう。

相手の人となりが分かってきたら、出張のお土産に好みに合いそうなものを買ってきたり、家庭のイベントのために早退を許可したりと融通をきかせることができます。そうした**積み重ねが「交」を深めます**。親密な関係を築いていれば、少々キツイ仕事にも部下はついてきてくれますし、ルール違反を厳しくとがめたとしても、ふて腐れるようなことはなくなるでしょう。

雑談の始め方

雑談には職場の雰囲気向上やチーム力アップなどの効果があります。
「雑談なんて無駄」と言わずに、積極的に加わりましょう。

共通の話題を探る

サークルやゲームのコミュニティとは違い、会社の人は年代も嗜《し》好《こう》もバラバラ。共通の話題を探すことから始めましょう。

初級編

食べ物

毎日食べるものなので、話題には事欠かない。ただし、いつも食べ物の話だと食いしん坊キャラになる危険も。

- おすすめのランチスポット
- おいしいお店の情報
- 好物・嫌いなものについて　など

住んでいる場所

住環境は日々の生活に密着した問題。ネタのひとつやふたつ出てくるもの。田舎から出てきた人には実家の話題も。

- 最寄り駅について
- 通勤時間・電車について
- 実家について　など

中級編

スポーツ（見るほう）

どんなスポーツのどのチームのファンなのか自分の話を交えて聞いてみる。敵対チームの話題でこじれないよう注意。

- 贔《ひ》屓《いき》の野球チーム
- 好きなサッカー選手
- 最近あった大きな大会　など

趣味

休日にどんなことをしているか、どんな映画が好きかなど趣味に関する話題を振ってみよう。コアな話題にはなりすぎないように。

- 最近見た映画
- 行ったことのある旅行先　など

中級編

スポーツ（やるほう）

普段やっているスポーツに関する話題。同じスポーツをやっていたら盛り上がる。ただし、一緒にやろうという話になったらレベルの差に要注意。

- ジョギング、マラソンなど走ること
- フットサル、草野球など球技
- ヨガ、水泳、フィットネス　など

乗り物

男性ならば乗り物の話題は好きな人が多い分野。ただし、こだわりが強くなる分野なので、話が合わないとそれっきりになることも。鉄道や旅客機は特殊なので省く。

- 自動車
- バイク
- 自転車　など

NG編

政治

極めて真面目な話題で、好きな人は好きだが、支持政党が異なったり、政治に対するスタンスの違いで大きな溝を生むことがある。

アニメ

オタク趣味をカミングアウトして差し支えないのならばOK。「子どもっぽい」「ついていけない」などと思われる可能性が高いので、避けるのがベター。

質問されたら同じ質問を返してみよう

「何かスポーツやっていたの？」「休みの日は何してるの？」といった問いにはそのまま答えるだけでなく、相手にも同じ質問を返してみましょう。意外と、質問してほしくてその話題を振っていることがあります。

指導者編
3

〝あだ名作戦〟で距離を縮めよう！

読み下し文

卒《そつ》を視《み》ること嬰児《えいじ》の如《ごと》し。故《ゆえ》に之《こ》れと深谿《しんけい》に赴《おもむ》く可《べ》し。《地形篇》

信頼関係を手っ取り早くつくる方法がある

普段から将軍が兵士を愛し い赤ん坊のように大切にしていれば、いざというときに兵士たちを危険な深い谷へでも連れていけるのだという兵法。将軍と兵士は、**ただの指揮官と部下という関係だけでなく、親と子、教育者と生徒という一面も持っており**、平素から深い慈悲の心で接することが大切だと説いています。

会社組織も軍隊のように運命共同体のようなものです。部下を「嬰児《えいじ》」のように慈《いつく》しむとまではいかないまでも、お互いの信頼関係は大事ですし、結束力も強いほうがいいでしょう。ただし**信頼関係は一朝一夕にできるものではありません**。ある程度の時間と経験の蓄積から、自然に生まれてくるものです。

しかしあえて人為的にお互いの距離を縮める方法があります。それが「あだ名」です。

恥ずかしがらずに同僚をあだ名で呼ぼう

「あだ名で呼びあおう」と言われても、バカバカしいと思うかもしれません。しかし、あだ名で呼ぶことで呼びやすさ親しみやすさが相まって仲間意識が芽生えるという経験は、子どものころにしているはずです。それは大人であっても同じこと。**あだ名で呼び合うということはそれなりに親しい関係が前提**となっています。その関係を強引につくり出そうというのです。

会社でいきなり「同僚や上司をあだ名で呼ぼう」と提案したところで、それまで「〇〇さん」と呼んでいた人をいきなりあだ名で呼ぶのには気恥ずかしさや抵抗感もあるでしょう。その恥ずかしさをあえて突き抜けることも大切なのですが、ここは**上の立場にある人が率先して部下にあだ名をつけて呼んでみましょう。**あだ名呼びがチーム内に浸透してくれば、仲間意識や結束力はグッと高まるはずです。ただし、身体的特徴などをあげつらうようなあだ名は禁物です。パワハラやセクハラにならないように、気をつけましょう。

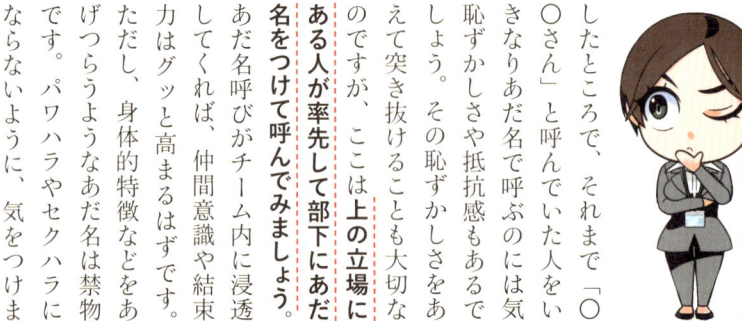

あだ名をつけてみよう

仕事仲間をいきなりあだ名で呼ぶのは難しいものです。
しかしチームの結束力を高めるためにあえて呼んでみましょう。

あだ名の効能

「親しき仲にも礼儀あり」といいますが、あだ名で呼び合うというのは、それだけ親しい関係にあるということ。あだ名で呼び合ううちに、信頼関係が高まることも。メリット、デメリットを把握したうえで、積極的に呼んでみましょう。

メリット

- 信頼関係が生まれる。
- 結束力が高まる。
- コミュニケーションが円滑になる。

デメリット

- 上下関係が希薄になり緊張感がなくなる。
- 社外で呼んでしまう。
- 本名を忘れることも。

「社内での」あだ名の「呼び方」バリエーション

Level 1 苗字短縮系

苗字の一部を切り取って「〜さん」と呼ぶ。苗字によっては定番の呼び方もある。例えば山田さんは「ヤマさん」、渡辺さんは「ナベさん」、丸山さんは「マルさん」など。

Level 2 フルネーム短縮系

苗字の一部と名前の一部を合体させて呼ぶ。芸能人や著名人のあだ名に多い。例えばキムタク、トヨエツ、マツケン、クリロナなど。

Level 3 名前変形系

苗字や名前の一部を変形させて呼ぶ。例えば坂本さんは「モッさん」、松本さんは「まっちゃん」「まっつん」、内田さんは「うっちー」など。

Level 4 見た目系

個人のキャラクターを表現して呼ぶ。例えばワイルドな風貌の人は「ゴリさん」、大きな体格の人は「クマさん」など。身体的特徴を含むので、陰口にならないように注意。

“いい窮地”がメンバー結束の秘訣！

読み下し文

善《よ》く兵《へい》を用《もち》うる者《もの》の、手《て》を攜《たずさ》うること一人《いちにん》を使《つか》うが若《ごと》きは、已《や》むを得《え》ざらしむればなり。

《九地篇》

窮地に陥るとチームは結束して強くなる

パワハラになることを恐れて必要以上に優しいリーダーが増えているといいます。部下に指示を出しても「無理です」と**断られたらあっさり聞き入れ、場合によっては自分が穴埋めに回る**といった具合です。このようなリーダーは部下に嫌われはしませんが、**優しいだけのリーダーでは部下を育てることはできません**し、強いチームをつくることもできません。

孫子の兵法では、優れた将軍が大勢の兵士でもまるで一人を使うように自在に動かせるのは、そうしなければならない状況に兵士を追い込むからだと説いています。人間は窮地《きゅうち》に立たされると必死に考え、工夫したりするものです。**追い込まれた部下たちは結束せざるを得ず、チームは強くなります。**

目標に対して小さなゴールを設定する

窮地を演出するといっても、悲壮感を漂わせるような雰囲気ではいけません。ひとつの仕事に締め切りや目標値など**小さなゴールをいくつも設定する**ことで、追い込む状況をつくることができます。小さなゴールを一つひとつクリアするのをゲーム感覚で「面白い」と感じさせるのがコツです。

また厳しさを持ったリーダーになるといっても、とりあえず闇雲に部下を叱咤激励していればいいというわけではありません。

まずは部下に何が足りていないのかを指摘することから始めましょう。部下に成長・出世の目標や、希望を聞いてみます。「いずれ部長になる」といった目標を立てたとしたら、到達するまでの年齢、そこに至るまで必要なことなどを提示し、現状何が足りていないのかを指摘・指導するのです。ぼんやりとした目標を掲げさせるのではなく**中長期的な目標やゴールを明確に示す**ことが大切です。

チームをマネジメントする

リーダー(マネージャー)の役割は、目標達成のための舵取りだけではありません。manage(=何とかする)のが、リーダーの仕事なのです。

優しいだけではダメ

優しいだけのリーダーでは、チームの成長はありません。それどころかデメリットばかり。

- 部下は育たない。
- リーダーに頼ればいいという発想になり、チームのメンタルが弱くなる。
- 厳しい仕事にますます立ち向かえない。
- リーダーとして評価されない。

結果 両者ともにメリットのない負のスパイラルに……

小さな目標を持って仕事をしてもらう

厳しさ=窮地を演出するといっても、厳しいだけでは誰もついてきません。仕事=課題を与えた場合には、達成するという目標だけでなく、小さな目標をいくつも設けて、順を追って達成するような仕組みを作るとよいでしょう。

例 2か月で新規顧客10件を発掘する!

START!

目標1 担当エリアの情報を調査。新規開拓する相手のリストを作成する。

目標2 リストにある顧客にアポイント。目標の倍、20件と約束をとりつける。

目標3 アポイント先に訪問開始。まずは1件の成約を目指す。

目標4 1か月経過時に、目標の半分=5件の成約を目指す。

GOAL!

目標の1つひとつは、具体的なほうが◎。曖昧《あいまい》な目標にしてしまうと、達成感が得られません。

成長のために「追い込む」のも必要！

読み下し文

謹《つつし》み養《やしな》いて労《ろう》すること勿《な》く、気《き》を并《あ》わせ力《ちから》を積《つ》み、兵《へい》を運《めぐ》らして計謀《けいぼう》し、測《はか》る可《べ》からざるを為《な》し、之《こ》れを往《ゆ》く所《ところ》母《な》きに投《とう》ずれば、死《し》すとも且《は》た北《に》げず。《九地篇》

限界を決めず少し難しい仕事を振ってみる

自軍の兵士たちが目的地を推測できないように移動させて敵陣深くに侵入させれば、八方塞がりになった兵士は、死に物ぐるいで戦うようになると、孫子の兵法では部下を「追い込む」ことの重要性を唱えています。ビジネスの現場でも「無理そうだ」と思える仕事でも**やらざるを得ない状況に追い込まれたら意外とできてしまう**ことがあります。「できない」というのは思い込みで、自ら限界を決めてしまっているだけに過ぎません。部下を成長させるためには力量よりも少し難しい仕事を与えてみましょう。クリアできれば達成感を得られ、より難しい仕事を与えても、こなしていけるようになるでしょう。

仕事の価値を伝えて部下の勇気を引き出していく

力量を見極めて仕事を与えても、困難にぶち当たるとすぐにくじけてしまう部下がいます。このような部下を追い込んでしまうのは逆効果で、場合によっては退職してしまうなどということもあります。**困難から逃げてしまうのは立ち向かう勇気がないから**です。勇気は個人の資質だけのものではなく、リーダーが上手にコントロールできます。大切なのは**今やっている仕事が誰かの役に立っていること、どれだけ価値のあることをやっているかを具体的に伝える**ことです。仕事の進捗報告を受けたらその都度感想を伝えることも大事です。このときは悪い面に目を向けるのではなく、いい面を見つめます。また**達成したら大いに感謝や喜びの意を伝えましょう**。仕事をこなすのは当たり前のことだと、成果に対する感謝を伝えないのはよくありません。次の仕事に対するモチベーションにも関わってきます。

困難に立ち向かわせる方法

困難に直面したときに立ち向かうか逃げるかは部下の性格だけのものでなく、リーダーがコントロールできるものです。

部下の勇気を引き出す

困難から逃げ出してしまうのは立ち向かう勇気がないから。モチベーションを上げる手段を知りましょう。

勇気をくじく行動

- できていない点にばかり注目する。
- ダメ出しばかりをする。
- いいところがあってもほめない。
- 嫌みを言う。

勇気を持たせる行動

- 小さなことでもいい点を見つける。
- 途中経過を評価する。
- 感謝や喜びを伝える。
- 他者からの好評価を伝える。

少しだけ上の仕事を与えよう

現在のスペック

- 営業先に1日10件回る。
- 新規顧客を獲得できていない。
- 会議で有効な発言ができない。
- 残業でいつも20時まで残る。

“少しだけ上”の仕事

- 15件回ることをノルマとして課す。
- 毎日新規顧客に電話だけでもさせる。
- 議題になる話を調べて用意させる。
- 必ず18時に帰るように指示する。

やり遂げると…

「やればできる！」と自信につながる！

指導者編 6

リーダーにありがちな"5つの危険"

読み下し文

将《しょう》に五危《ごき》あり。必死《ひっし》は殺《ころ》され、必生《ひっせい》は虜《とりこ》にされ、忿速《ふんそく》は侮《あなど》られ、潔廉《けつれん》は辱《はずかし》められ、愛民《あいみん》は煩《わずら》わさる。《九変篇》

足元をすくわれないために気をつけるべきこと

孫子の兵法には、**リーダーの人格について5つの危険**を挙げています。決死の勇気だけの人は殺されてしまい、生き延びようという執着が強い人は捕虜にされ、短気な人は冷静さを失って計略に引っかかり、清廉潔白《せいれんけっぱく》な人は侮辱《ぶじょく》を受けて罠にかかり、部下への愛情が強すぎる人は苦労が耐えない。この5つは将軍の過ちで、軍隊を動かすうえで災いとなり、軍を滅亡させて将軍を敗死させる原因であると言っています。

現代では生死に関わらないので安心ですが、どれも**ひとつの性格に凝り固まってしまうと足元をすくわれてしまう**という意味があるようです。リーダーに潜む落とし穴として、肝に銘じておきましょう。

凝り固まらずにキャラクターを使い分ける

5つの例はすべて現代のビジネスに置き換えることができます。「**必死**」は目先の目標を達成することだけにとらわれて、勢いだけで物ごとを進めようとする人です。見通しが立っていないのに進めてしまうと、取り返しのつかないことになることもあります。また逆にミスを恐れるあまり慎重になりすぎる「**必生**」ではビジネスの発展は望めません。「**忿速**」は言わずもがな、感情の起伏が激しく短気な人には誰もついていきたいとは思いません。「**潔廉**」は言い換えれば融通が利かないということになります。利害関係のある相手と交渉したりする際には正当でない手段を取ることも必要となるでしょう。このときにフェアでないと頑なに拒むようでは機会を逃してしまいかねません。また、「**愛民**」も情けが深すぎれば、部下に対して非情になれず「決断できないリーダー」のレッテルを貼られてしまいます。

このようにリーダーには**臨機応変にキャラクターを使い分ける器用さと、人としての厚み**が求められるのです。

嫌われるリーダーのタイプ

将が陥りやすい5つの危険は、そのまま嫌われるリーダーのタイプに分類できます。自分がそんなダメリーダーになっていないか省《かえり》みましょう。

①必死 ▶猪突猛進タイプ

チームの先頭に立って突き進む姿は頼もしくもあるが、成績を上げることだけにとらわれて部下を引っ張り回すリーダー。チームマネジメントを忘れて突き進むだけでは、部下はついてこない。

②必生 ▶責任逃れタイプ

自分のミスを部下に押しつけて、自分だけは生き残ろうとするリーダー。自分の保身ばかりを考えているので、当然信頼を得ることはできない。

③忿速 ▶癇癪《かんしゃく》持ちタイプ

怒って怒鳴り散らしているだけのリーダー。厳しさ＝怒ることと勘違いしている。理不尽なだけなので、部下からはいずれ「ああ、またか……」と呆れられることに。

④潔廉 ▶堅物《かたぶつ》タイプ

人の模範や立派なリーダーを目指そうとして、融通のきかない堅物になってしまったリーダー。人を統率したり交渉ごとを進めるには、清濁併《せいだくあわ》せのむ柔軟さが必要。

⑤愛民 優しいだけタイプ

部下をきちんと叱れないリーダー。嫌われないように部下の顔色をうかがって強く出られない。リーダーは嫌われるものと開き直りも必要。

「個」よりも「組織」の利益を考える！

読み下し文

進《すす》みて名《な》を求《もと》めず、退《ひ》きて罪《つみ》を避《さ》けず、唯《た》だ民《たみ》を是《こ》れ保《たも》ちて、而《しか》も利《り》の主《しゅ》に合《あ》うは、国《くに》の宝《たから》なり。《地形篇》

優れたリーダーは自分だけの功名を求めない

人の上に立つ人、組織を統率する立場にある人に欠かせない要素として、**経営学者のピーター・ドラッカーは、「真摯《しんし》さ」を挙げています**。「真摯さ」は「誠実さ」「真面目さ」と言い換えることもできますが、それよりも一歩踏み込んで、**仕事や組織に対する倫理観やひたむきな態度**という意味合いがあるようです。

孫子の兵法の「進みて名を求めず」はこの「真摯さ」を的確に表現しているといえます。戦闘を行うときに自らの功名を求めたりせず、退却時には自らの責任を免れようとせず、ただ守るべき民のことを考える。そうした行為が君主の利益にもかなうような将軍は、国家の財産であると説いています。**優れたリーダーはあくまでも組織の利益を考えて行動する**ものなのです。

数字に表れない仕事も「真摯さ」を持って取り組むことが大切

組織の利益を最優先とする姿勢は、「真摯さ」に必要な4つの姿勢のひとつ**「貢献」**として挙げられています。ほかには**「模範」「責任」「倫理」**といったことが求められています。すべて人として当たり前のことのように思えますが、「手柄を横取りされた」「ミスの責任を押し付けられた」といった話はたびたび聞こえてきます。

このような問題が起こるのは、人の性格というだけではなく、仕事の評価が成果主義による個人単位で行われていることに関係があります。個人の成績を上げたいのならば、周囲の仕事は手伝わず、黙々と自分の仕事をこなしていればいいでしょう。それで「責任」を果たすことはできるかもしれませんが「模範」とはなれません。

たとえ**数字に表れない裏方仕事であっても「真摯さ」を忘れず、組織のために仕事をしていく**ことが、優れたリーダーにとっては大事なことと、心にとめておきましょう。

組織を優先する「真摯さ」とは？

人の上に立つ人や組織を統率する立場にある人に不可欠な要素があります。
それは「真摯さ」。どんなものかを知り、実践しましょう。

「真摯さ」を表す4つの姿勢

模範　態度や言動で人を引っ張る

権力や金銭に頼るのではなく、普段の仕事に対する姿勢や言動によって、周囲の模範となる人物。チームの象徴としてふさわしいかが問われる。

責任　やるべきことをまっとうする

一度引き受けた仕事は、投げ出すことなくやりとげる責任感のある人物。誰も見ていなくても、手を抜いたりしないことも重要。

倫理　他人の足を引っ張らない

自分の利益になると知りながら他人の害になるようなことをしない人物。ライバルを失脚させ、自分が上に行くようなことはしない。

貢献　自分よりも組織の成果を考える

個人の成績よりチームの成果を考えられる人物。「自分はノルマを達成しているからほかの人のことは知らない」ではダメ。

齋藤流
仕事に生きるアイデア

LET'S TRY!

3

職場の雰囲気を変える「ハーフタイム」

職場の雰囲気は、上司や先輩であったりプロジェクトリーダーであったり、いわゆる“リーダー”によってつくられるものです。暗く沈んでいたり部下のやる気が感じられなかったりするのは、リーダーの姿勢によるところが大きいのです。逆に言えば、**リーダーが少し工夫をすれば、職場の雰囲気はガラリと変わる**ものなのです。

職場の雰囲気を変える方法は大まかに３つあります。

１つ目は**とにかくモチベーションを上げる**ことです。言葉で鼓舞《こぶ》するのもいいですが、手っ取り早く報奨金を出すのもいいですし、自らが率先してテンションを上げることも効果があります。

２つ目は**方針や目標をはっきりと打ち出す**ことです。共通の方針、目標は仲間意識を芽生えさせ、自然と雰囲気は向上します。ただし、目標のために厳しいノルマを課してしまうと、一層ギスギスした雰囲気になってしまうので注意が必要です。

そして３つ目は**状況を見て軌道修正を図る**ことです。これがもっともリーダーの力量を問われる部分です。例えば、だらけた雰囲気が職場全体に広がってしまった場合、リーダーは一旦チームメンバーを集めてチームに喝を入れる必要があります。サッカーに例えると、監督が試合のハーフタイム中に後半に向けて戦術の変更などを指示し、チームがうまく機能するように導くように、社内でもこれと同じように**「ハーフタイム」を設けて具体的な指示を出し直したり方針の変更を伝えたりして、軌道修正を行う**のです。

このときに忘れてはいけないのは、現在の状況をつくってしまった責任はリーダーにあるということです。そもそもリーダーの方針が的確であれば、チームはうまく機能したはずです。まずは自らの判断ミスを潔く認めましょう。そのうえで、「ハーフタイム」を利用してチームをリスタートさせるのが、職場の雰囲気を変えるときには有効です。

4章 競争編

The competition

競争・交渉をうまく進める秘訣

お掃除機能付き
不採用
企画プレゼンは失敗に終わった
ズーーーン…
さあ切り替えていくわよ！
今回の敗因を分析しましょう

ツトムくん
プレゼンの議事録
取ってたわね？
はい
漏《も》らさず

批判は
新機能に
ついてのものと
素材のコストダウンに
ついてが
特に多かったですね

□□社の
情報に踊らされて
付け焼刃ってのが
見透かされちゃった
かしらね…

ーー
勢《せい》とは、
利《り》に因《よ》りて
権《けん》を制《せい》するなり。

孫子の兵法

勢《せい》とは、利《り》に因《よ》りて権《けん》を制《せい》するなり。

文意 「勢」とは、その時どきの有利な状況に従って、一挙に勝敗を決する切り札を自己の掌中におさめることをいう。何をやるときでも不測の事態は起こるもの。臨機応変に対応しつつも、核心部分は見失わないように！

P140 CASE1 「ゆずれない一線」を決めて交渉する

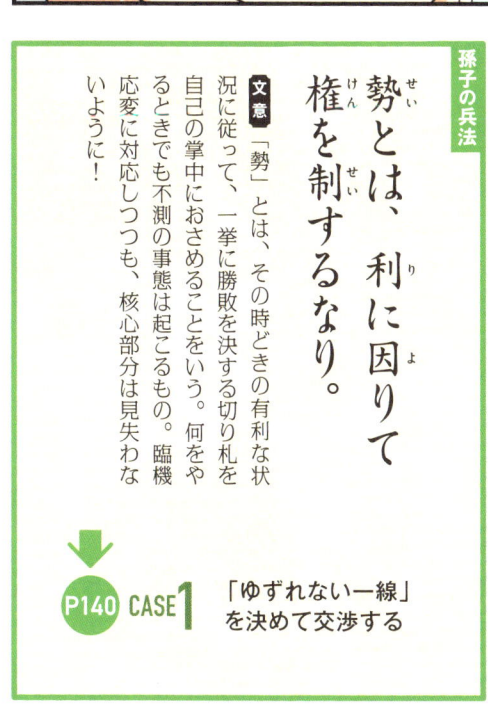

…今回は商品の「ゆずれない一線」が定まってなかったのが敗因かしらね
…そもそも西東電機の魅力ってなんだろう？
亮太くん
西東電機に入ろうと思ったのはどうして？
えーと……
製品が好きだったから……
どんなところが？
作りがしっかりしていて
洗練されていて……
やっぱりそこよね

優先度
高
品質
低
納期
まずは品質を重視しなくてはならなかったのよ
プレゼンでの批判と同じ
…それどころか素材のコストカットなんてね
でもお掃除機能を入れるにはああするしか…
ありがとねマキちゃん
今回のプレゼン却下されはしたけど
幸いリベンジのチャンスはもらえました
えっ
そうだっけ？

プレゼンの回想
企画二課
新機能
ガーッ
一《いち》から出直してこい!
営業部長に「一《いち》から出直せ!」って怒鳴られただけじゃ?
なので出直します
次のプランはもうあるんですか?
めげない人だなぁ
ないわよ
キッパリ

はじめから情報を集め直すの
自分たちの足で一《いち》からね

孫子の兵法

爵禄《しゃくろく》百金《ひゃっきん》を愛《おし》みて、敵《てき》の情《じょう》を知《し》らざる者《もの》は、不仁《ふじん》の至《いた》りなり。

文意 （スパイに）爵位《しゃくい》や俸禄《ほうろく》や賞金を与えることを惜しんで、戦いを有利に進めるための敵の情報を得ようとしないのは、民衆の長い苦労を無にすることで、不仁の最たるものである。情報の価値は今も昔も不変。労力をかけてでも手に入れるべきなのだ。

P142 CASE 2 情報収集は「聞く」より「見る」！

えー
はじめからっすかー!?

そうよ
目標は次のプレゼンよ

次の社内プレゼンって1週間後ですけど…

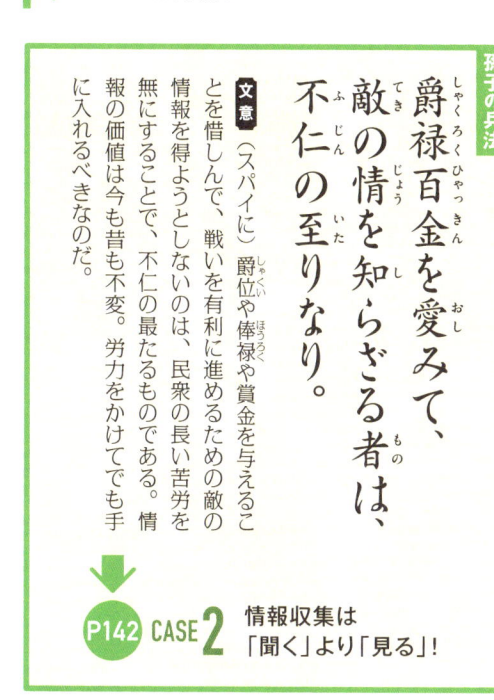

孫子の兵法

兵《へい》は拙速《せっそく》を聞《き》くも、未《いま》だ巧久《こうきゅう》を睹《み》ざるなり。

文意 戦争には多少まずい点があって迅速に切り上げるということはあっても、完璧を期したので長引いてしまったという事例は存在しない（そもそも戦争が長期化して国家の利益になったことは、いまだかつてあったためしはない）。つまり、勝負において「速さ」は非常に大切な要素なのだ。

P144 CASE 3 勝負の基本は「短期決戦」！

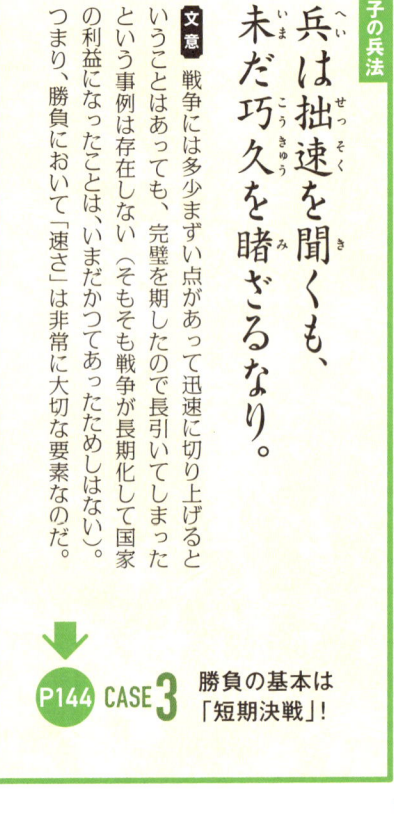

孫子の兵法

勝兵《しょうへい》は先《ま》ず勝《か》ちて而《しか》る後《のち》に戦《たたか》い。

文意 勝利する軍は、まず勝利を確定しておいてから、予定通り勝利を実現しようと戦う（敗北する軍は、まず戦闘を始めてから、その後で勝利を追い求めようとする）。

P146 CASE 4 “とりあえずやる…”はNG!

つまり…
徹底的に準備をして
A
B
検証を重ねて
勝てる確信があるか
⇓
成功！
ノリと勢いでやろうとして
⇓
失敗！
…ということなのよ

見切り発車だとこうなってしまう可能性が高いわ
勝算があるわけではないでしょ？
しゅん…

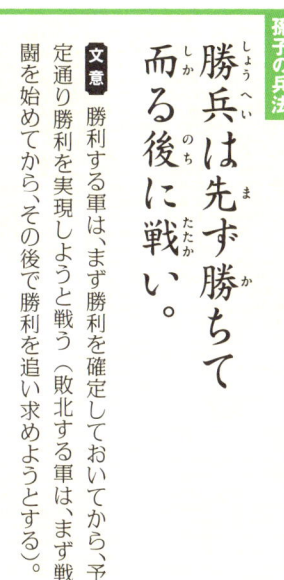

…でも
やる気が
あるのは
わかったわ
次のプレゼンに
出すかどうかは
状況をよく分析して
私が判断します
ツトムくんと
マキちゃんは
過去の自社製品を
データベースから
取り寄せて
はいっ
顧客アンケートの
比較を……
ガタッ
あ
それ自分が
やります!
じゃあ
仲良しの
タケ!
タケ……
ついて
やんなさい
商品企画二課
ドドーン!!

どんな感じ？
読むの大変です
アホそうじゃねえ
売れ筋製品にもそうじゃないものにも似たような意見があるみたいっすね
取っ手の頑丈さが気に入ったとかボタンを押したときの感触がいいとか……
実際に手に触れる部分についてのものが多いのね
っすね
この際お掃除機能追加の件はリセットして
質感にこだわるというのはどうかな

孫子の兵法

能《よ》く寡《か》を以《もっ》て衆《しゅう》を撃《う》つ者《もの》は、則《すなわ》ち吾《わ》が与《とも》に戦《たたか》う所《ところ》の者《もの》約《やく》なればなり。

文意 （自軍の兵力が相手より少なく、敵軍の兵力が強大であっても）少ない兵力で敵の大軍を撃破できるのは、個々の戦闘において自軍の兵力が集結して戦うからである。あれもこれもと主張を通そうとするのではなく、一点に絞ったほうが、突破できる可能性が高い。

P148 CASE 5 ここぞ！で使う 一点集中の強さ

お掃除機能はナシですか？
今売れ筋の商品は新機能がウケてるようですが？

そうね
でもこのあいだは成功しているものに乗っかろうとして失敗したでしょ？

本当にユーザーに便利だと思ってもらえるものならいいけれど
目新しさだけを狙っても意味はないのかなって

では基本機能に絞って高級路線ということで？

孫子の兵法

兵《へい》を形《あらわ》すの極《きわ》みは、无《む》形《けい》に至《いた》る。

文意 軍の態勢の極致は、無形に到達することである（決まった形がなく、敵に合わせて変幻自在に布陣し、それを敵に悟らせなければ、敵は攻めようがなくなる）。一度成功した「形」にとらわれていては、それ以上は望めないのだ。

P150 CASE 6 成功体験に依存しない！

高級っていうのとはちょっと違うかな
毎日使われている業務用に近いっていうか

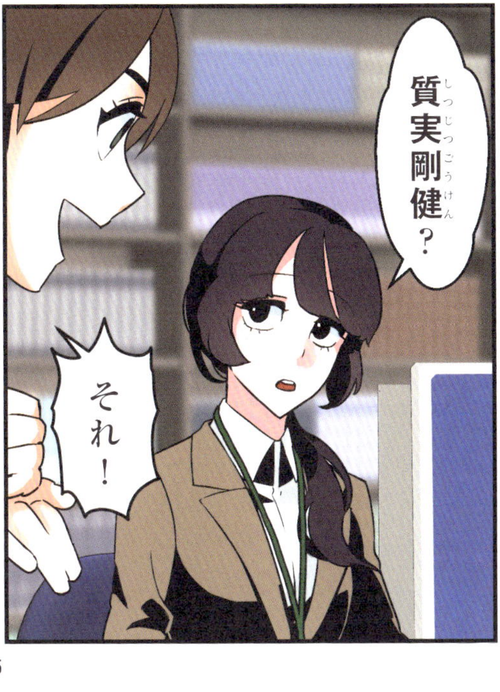
質《しつ》実《じつ》剛《ごう》健《けん》？
それ！

じゃあ マキちゃんには 素材の候補を 絞ってもらおう
コストの 試算も お願いね
はいっ
ツトムくん マキちゃんが 技術部のデータ 見られるように してあげて
方向性が 決まったことで 企画は順調に まとまり――
これなら 次のプレゼンに 間に合いますね
よし じゃあこれで 資料作って 勝負するわよ！
会議室
社内 プレゼン 2回目
――以上のように ユーザーが 手で触れる箇所に こだわったものに なります

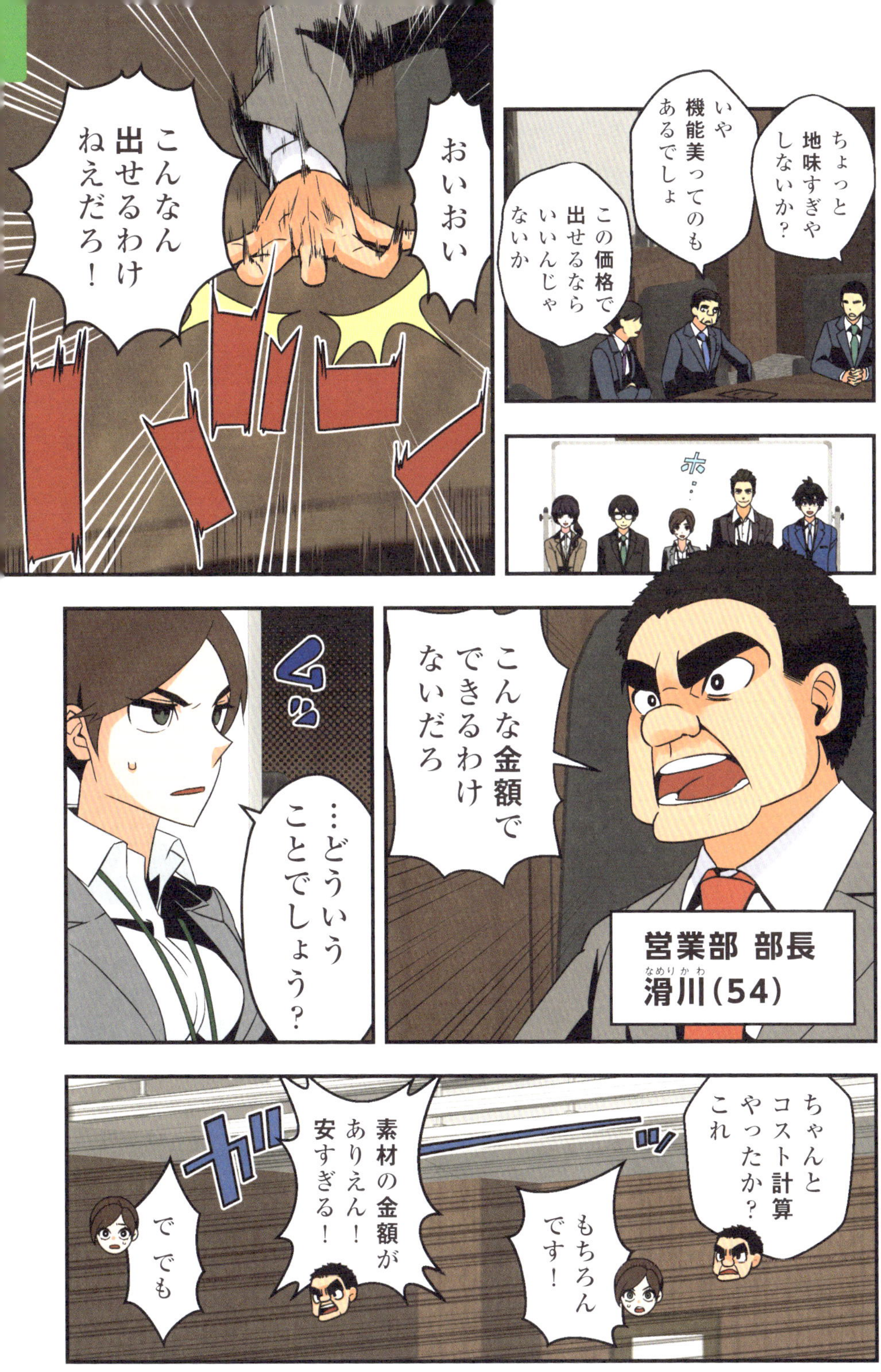
ちょっと地味すぎやしないか？
いや機能美ってのもあるでしょ
この価格で出せるならいいんじゃないか
ホ
おいおい
こんなん出せるわけねえだろ！
こんな金額でできるわけないだろ
営業部 部長
滑川《なめりかわ》（54）
ムッ
…どういうことでしょう？
ちゃんとコスト計算やったか？これ
もちろんです！
ガッ
素材の金額がありえん！安すぎる！
でも

はいボツ！
次の製品いってみよう！
…！！
2度目のプレゼンも失敗に終わった
企画二課
私のせいで……
計算は合ってますよ
前回のプレゼンでは金額についてはほとんど何も言われなかったのに
どうして今回に限って……
ついてないですね
おや
ツキのせいにしてしまうのですか？

孫子の兵法

天《てん》の災《わざわ》いには非《あら》ずして、将《しょう》の過《あやま》ちなり。

文意 （軍隊は壊走することがあり、たるむことがあり、落ち込むことがあり、崩壊することがあり、乱れることがあり、敗北することがある。これら六つの事柄は、）天が降した災厄のせいではなく、将軍自身の過失のせいである。

P152 CASE 7 「運が悪かった」で片づけてはいけない

そうですね
今回の全責任は私にあります

原因を徹底的に調べるわよ！
はい!!
でも今日は早めに上がって休みましょうか
ボロボロ。
ですね…

競争編 1

「ゆずれない一線」を決めて交渉する

読み下し文

勢《せい》とは、利《り》に因《よ》りて権《けん》を制《せい》するなり。《計篇》

不測の事態をチャンスに変えて一気に攻める

スポーツの試合で、両者の実力が拮抗し、いい勝負をしていたのに、一方の些細《ささい》なミスや小さなトラブルなどがきっかけで、いつの間にか点差が開いてしまうことがあります。そうして一度崩れてしまうと、挽回《ばんかい》は難しいもの。逆の視点からみれば、**相手のわずかな隙をついて一気に攻めれば、勝利をおさめることができるのです**。つまり、いかにその試合の「勝負どころ」を見極めるかが、勝敗を分けるのです。

こうした**「勝負どころ」**を**孫子は〝勢〟と表し、勝負事におけるポイントと見ています**。戦いにあたり、事前の準備や入念なシミュレーションを行うのは当然ですが、それだけでいつも勝てるほど甘くはありません。本番で起きる不測の事態に臨機応変に対応し、さらにそれを自らの利として一気に勝負をかけることで、道は拓《ひら》けると説いているのです。

ペースを保ち勝負どころで流れを引き寄せる

ビジネスにおける多くの交渉は、いわば勝負事。自らの主張を通して利益を確保せねばなりませんが、意見を押し出しすぎれば疎《うと》まれ、逆に相手の言い分を聞いてばかりでは負け戦になってしまいます。

交渉で重要なのは、あらかじめ**「これだけは譲れない」という一線を決めておくこと**です。そしてそれを、勝敗を分ける一線と考えます。

こうして心構えをして臨んでも、実際の交渉の中では、なかなかその一線を示す機会が訪れないことがあります。相手が意図的にこちらの言いたいことを「言わせまい」としている場合などは特に、条件を示すのが難しいでしょう。

そこで**必要なのは、流れを引き寄せるための駆け引き**です。例えば、最初に大きな要求を突き付け、そこから譲歩して自らの想定した一線に近づけていきます。逆に、まずは自分が譲歩したうえで、その代わりとして条件を持ち出す手もあるでしょう。自分のペースを保ちつつ、攻め時を逃がさないことが、勝利するための鍵なのです。

相手の譲歩を引き出すテクニック

自分の中に譲れない一線を引いたらそれに向けて交渉を行いますが、
相手に受け入れてもらいやすくなる心理テクニックがあります。

大きな要求を断らせてから小さな要求を飲ませる

断られそうな大きな要求をしてみて、断られたら最初より小さな要求をします。最初に断ったときの相手の「申し訳ない」という気持ちを利用して交渉を有利にする、「ドア・イン・ザ・フェイス」と呼ばれるテクニックです。

例 商品を100万円以上で売りたいとき

交渉例

自分「150万円でどうでしょう?」
客「う～んちょっと高いなあ」
自分「では120万でどうでしょう?」
客「まだちょっと高いなあ」
自分「わかりました、儲け度外視で100万!」
客「ではそれで（随分引かせちゃって悪いことしたな、次も買ってやるか）」

ポイント

- 大きすぎる要求だと相手を怒らせてしまうことも。適度なラインから交渉を始めること。
- 要求を下げるときは、無理していると伝わるように。

小さな要求から大きな要求へシフトする

最初に簡単で小さな要求を受け入れてもらったら、徐々にその要求を大きなものにしていく手法。「フット・イン・ザ・ドア」と呼ばれるテクニックで、訪問販売などで見られます。

例 企画資料をつくってもらいたいとき

交渉例

自分「この商品の売上データって探せる?」
相手「それなら持ってます」
自分「じゃあ、この企画書にそのデータを組み込んで仕上げてくれる?」
相手「わかりました（データはあるし、そんなに手間じゃないからいいか……）」

ポイント

- 要求するときは相手の負担が少ないところから始める。
- 一度相手からOKを引き出すことが目的。

競争編 2

情報収集は「聞く」より「見る」！

読み下し文

爵《しゃく》禄《ろく》百《ひゃっ》金《きん》を愛《おし》みて、敵《てき》の情《じょう》を知《し》らざる者《もの》は、不《ふ》仁《じん》の至《いた》りなり。《用間篇》

情報収集に労やコストを惜しまないこと

孫子の兵法には、情報収集の重要性を説いたものが多くありますが、なかでも厳しい姿勢を示すのがこの一文です。

軍隊を遠征させ、戦闘態勢を整えるまでには、莫大な費用がかかります。その費用は税から出ています。それを承知のうえで戦を始めるのに、間諜《かんちょう》（スパイ）に払う報酬を渋り、情報収集を怠るようなことがあれば、それは自国民への不義理にほかなりません。**事前の情報収集は、戦局を有利に導くためには必須で**あり、そこに労力やコストを惜しんでは到底勝利することはできないのです。

ビジネスでも、事前に「敵を知る」ことがいかに重要か、述べるまでもありません。しかし実際には、情報収集が明らかに足りない「不仁」などビジネスパーソンがまだまだいるようです。

現場に立って自分の目で見て調べ上げる

あなたは、業界動向や海外の情勢、これから訪問する新規顧客の事情など、仕事上で必要となりそうな情報を、どこまで熟知しているでしょう。

ネットでざっと調べて終わり、雑誌で特集を読んだから満足、というレベルでは、熟知しているとは言えません。

そういった**マス向けの情報は誰もが簡単に手に入れることができる**ので、個人の武器にはなりません。

情報収集の方法についても、孫子の兵法にヒントが隠されています。孫子は「偵察は神や占いによってできるものではなく、天界の事象から読み解くものでも天道の理法と突き合わせるものでもなく、知性によって初めて可能となる」と述べています。当時の神や占い、天道とは、現代でいえばネットや雑誌の情報にあたるでしょうか。いわばこれらは、誰かの解釈を自分が「聞いた」情報です。それに対して、**できる限り現場に立ち、実際に自分の目で見て徹底的に調べ上げる**ことで初めて、価値ある情報が集まってくるのです。

情報の集め方・読み解き方

今も昔も“情報”は勝負の要。
情報の価値と、その正しい読み解き方を知っておきましょう。

一次情報にあたる

二次情報、三次情報になるにつれ、情報は不正確に。一次情報を手に入れる努力をしましょう。

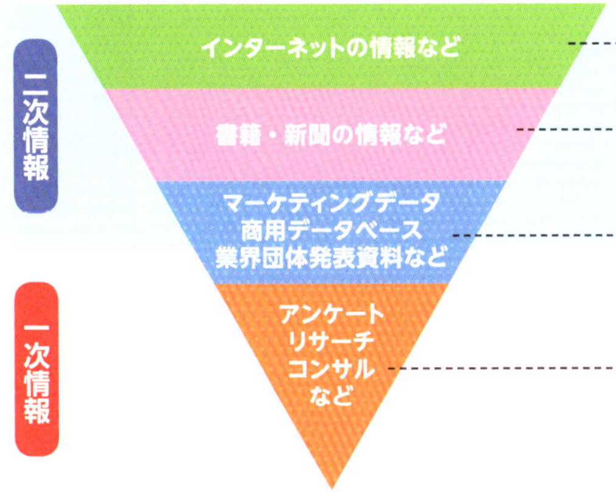
二次情報
一次情報
インターネットの情報など
書籍・新聞の情報など
マーケティングデータ
商用データベース
業界団体発表資料など
アンケート
リサーチ
コンサル
など

手軽に入手できるが信憑《しんぴょう》性が低い。

誰でも入手できるため、差別化が図りにくい。

ある程度のお金を支払ったり、足を運ぶ必要がある分、情報のレアリティは高い。

独自に調査するため、無二の情報が入手できる。しかし高いお金や労力がかかる。

グラフの見せ方を疑う

グラフの目盛り、数値、大きさなど見せ方によって、受け取る印象が異なる場合があります。

● 形のトリック

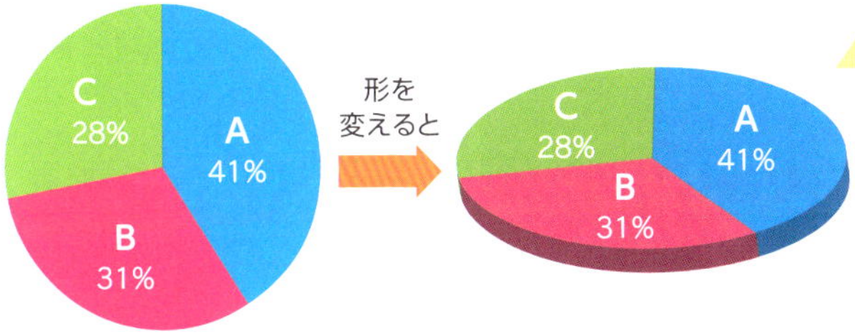
C
28%
A
41%
B
31%
形を
変えると
C
28%
A
41%
B
31%

数値はA＞B＞Cだが、立体にすることでBが大きく見える!!

● 数値のトリック

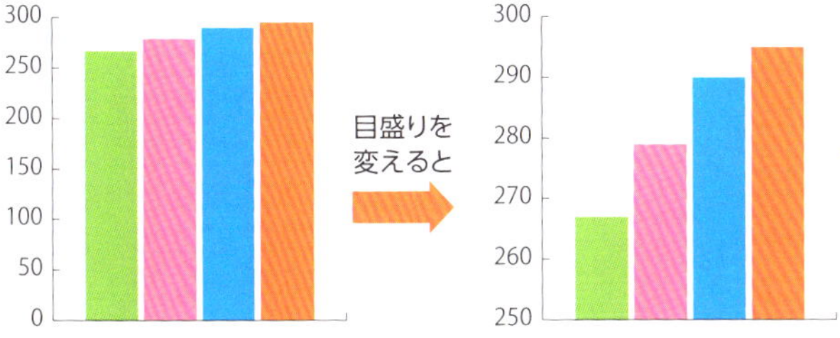
300
250
200
150
100
50
0
目盛りを
変えると
300
290
280
270
260
250

目盛りを変えることで、大きく変動しているように見える!!

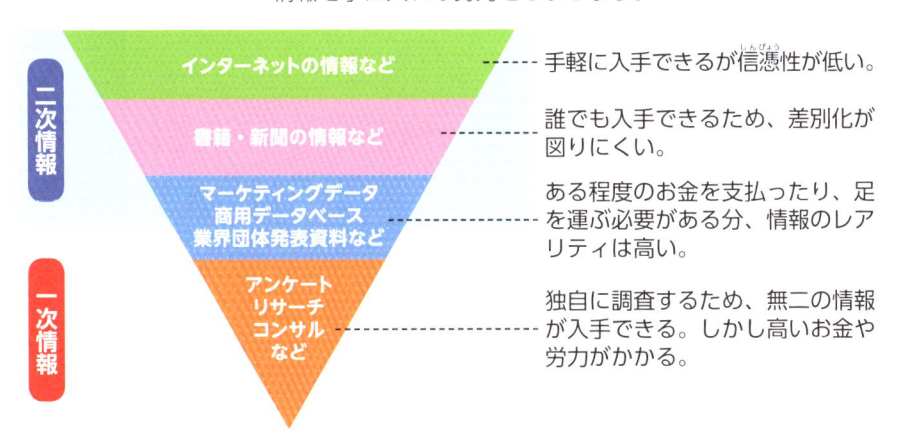

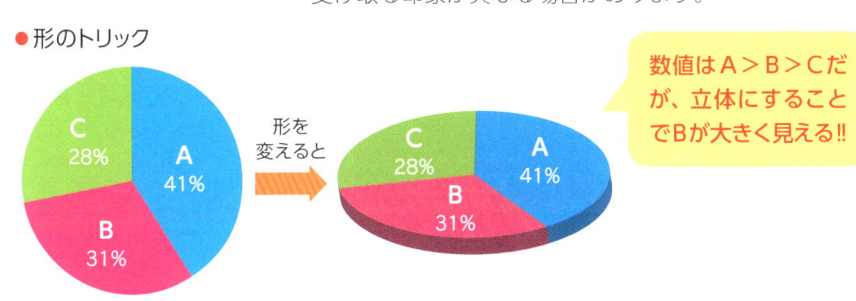

勝負の基本は「短期決戦」！

読み下し文

兵《へい》は拙速《せっそく》を聞《き》くも、未《いま》だ巧久《こうきゅう》を睹《み》ざるなり。夫《そ》れ兵久《へいひさ》しくして国《くに》の利《り》なる者《もの》は、未《いま》だ有《あ》らざるなり。《作戦篇》

「巧遅」は日本の美徳だが果たして正しいか

孫子の兵法は戦争に関して、「よかれ悪かれさっさと切り上げるべきで、完璧を期そうと長引かせても、それが国家の利益になったことはない」と述べています。

この文言から生まれたのが、「巧遅拙速《こうちせっそく》」という四字熟語。「巧遅」は、出来はよいが完成が遅いさまで、「拙速」はその逆であり、よいものを作ろうとして遅れるよりは、**多少出来が悪くても迅速であるほうがいい**、という意味です。

日本において拙速といえば「早いことしか取り柄がない」という感じで、あまりいい文脈では使われません。逆に、うさぎと亀の民話のように、時間をかけて勝利を得ることを美徳とする風潮がありますが、孫子の兵法での価値観はそれとは真逆といえます。

忙しい現代では拙速が正義 会議は短期決戦で

打ち合わせや会議などで、「意見がまとまるまで」と時間無制限でやると、多くの場合、だらだらと時が過ぎ、モチベーションも下がってしまいます。最初から議題をはっきり決め、短時間で区切ったほうが、よほど生産的でいい意見が出るものです。

また、商談などで**劣勢に立っているときは、できるかぎり短期決戦で勝負に臨む必要があります。**もしそこで「一矢報いるまでふんばろう」「すべての条件を飲んでもらうまでは……」などと意地になってしまえば、ずぶずぶと泥沼にはまりこみ、いい結果は得られません。「一度社に持ち帰ります」など、サッと引き上げて再び作戦を練るところから始めましょう。

環境がめまぐるしく変わる現代においては、巧遅より拙速を美徳とするほうが、成果を上げやすいのです。ただし、戦いを仕掛ける前の準備は拙速ではいけません。念には念を入れて完璧を期し、戦うときは拙速でいきましょう。

仕事で実践！

拙速のススメ

孫子の兵法では、戦争に時間をかけることは無駄だと切り捨てていますが、ビジネスの世界でも同じです。「巧遅」よりも「拙速」を心がけましょう。

会議は時間と議題を区切る

時間も議題も区切らない会議

- いつまでも結論が出ない。
- 出席者全員が他の仕事をできない。
- 長引くほどモチベーションが低下する。

時間と議題を区切った会議

- 各議題の結論を出しやすい。
- 余った時間をほかの仕事にまわせる。
- 短い会議の積み重ねで、内容の充実が図れる。

企画書は修正回数を重ねて完成させる

完璧を求めて締め切りを過ぎてしまうのは論外ですが、ギリギリまで粘って作り上げるよりも、多少粗削りでも早めに仕上げて上司などからアドバイスをもらえば、内容の修正を行う時間ができて完成度は上がります。また、短時間で仕上げ、量をこなすことで経験値を積むこともできます。

提出期限

期間ギリギリまで自分で作る → 提出ギリギリまで粘ると他人のチェックが入らないままになる……。

とりあえず作る → 修正1回目 → 修正2回目 → 途中で他人の目も入るため、完成度が高くなる！

check　check

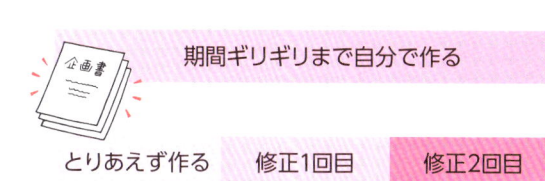

競争編

4

“とりあえずやる…”はNG!

読み下し文

勝兵《しょうへい》は先《ま》ず勝《か》ちて而《しか》る後《のち》に戦《たたか》い、敗兵《はいへい》は先《ま》ず戦《たたか》いて而《しか》る後《のち》に勝《かち》を求《もと》む。《形篇》

戦いとは始まる前にすでに勝敗が決しているもの

孫子の兵法では、戦というのは戦う前に勝敗は決していると説いています。戦いに挑むなら、その前に徹底して情報を集め、絶対勝てると確信してから臨むことが大切であると説いているのです。逆に、**勝利を確信できないならその戦いは徹底的に回避すべき**であるともいえます。戦いになったら「拙速」でも、戦うための準備は念入りにしなくてはいけないのです。

これは仕事にもそのまま当てはまり、実際に個人でも組織でも、「やってみなければわからない」というノリでまず戦ってしまうことが、失敗につながります。**勢いだけで慎重論が抑え込まれ、見切り発車されたプロジェクトほど、難航する**ものはありません。また、そういった場合、損益ラインや撤退のタイミングも明確になっていないケースが多く、最終的に傷が大きくなりがちです。

マネジメント感覚を身につけることで的確な判断が下せる

過去に一度でも実戦に臨んだ経験があれば、高い壁のあるプロジェクトに際し「これは負け戦になる」というような感触があるはずです。しかしそこで「念ずれば道は拓ける」などと精神論で押し切ろうとすると、いつまでも撤退の選択ができず、大きな損失につながります。

「とりあえずやってみて、いろいろ後から考えよう」という発想の人に足りないのは、**マネジメントの感覚**です。「上司にやれといわれた」「会社のお金だから自分には関係ない」というような意識で仕事をこなすと、自分の都合ばかりにとらわれてしまい、マネジメントまで考えが及びません。まずは**自ら主体的にプロジェクトに関わる姿勢を持ち、事前に全体を俯瞰すること**で、初めて効率的な手法が見え、適切な判断も可能となります。

組織でも個人でも競争が激しい現代において、マネジメント感覚は今後さらに必要とされる能力であるといえます。

始める前にしっかり準備する

仕事を早くすることは大切ですが、それも入念な準備あってのこと。
とりあえず実行してみて作業しながら成功を模索していては、失敗してしまいます。

仕事の正否は準備次第！

失敗する仕事にありがちなアプローチ

調査・準備が足りず、
慌てることに……。

とりあえず実行する → 調査や準備は同時進行で対応 → 想定外の状況に直面する → **状況がコントロールできない…**

仕事が成功するアプローチ

市場やライバル会社の状況を確認 → 人員など社内体制を整える → 実行する → **状況がコントロールできる！**

着実に調査・準備を一つ
ひとつ積み上げていく！

商談をするときの「準備リスト例」

- ☐ パンフレットなどの商品資料はあるか。
- ☐ 商品の実績や会社概要などの自社資料はあるか。
- ☐ 業界動向、省庁発表資料などの客観的な市場資料はあるか。
- ☐ 価格表や納期の条件を記した資料はあるか。
- ☐ 商品サンプルの用意はあるか。
- ☐ 先方のホームページや会社案内の調査をしているか。
- ☐ 先方の参加人数よりも多めに資料を用意できているか。
- ☐ 名刺は絶対に切らさない枚数を用意しているか。

自分なりのチェックリストをつくってみよう！

競争編
5 ここぞ！で使う一点集中の強さ

読み下し文

我《わ》れ寡《すくな》くして敵《てき》は衆《おお》きも、能《よ》く寡《か》を以《もっ》て衆《しゅう》を撃《う》つ者《もの》は、則《すなわ》ち吾《わ》が与《とも》に戦《たたか》う所《ところ》の者《もの》約《やく》なればなり。《虚実篇》

リソースの集中で強みを先鋭化し突破力を磨く

今や世界中を席巻しているスマートフォンといえば、「iPhone」。そのメーカーであるアップル社のビジネス戦略は、商品のバラエティを抑えつつ、いくつかの代表的な製品にリソースを集中させるというものです。こうして**強みをとことん先鋭化**させた結果、世界有数の企業にまで成長しました。

孫子の兵法でも、小さな兵力で大軍を打ち破るためには、個々の戦闘において兵力を集約させ、集中して敵に当たるべきだと述べられています。例えば、敵と味方それぞれが100の兵を持っていたとして、もし敵に自陣の布陣が漏《も》れなければ、敵は100人を分散して配置するしかありません。そこで手薄な箇所を味方100人で攻めれば、必ず突破できるというわけです。

譲れない一点に労力を集中して交渉を優位にする

こうして、自らの「戦力」を集中させ、一点突破を図るというのは、ビジネスシーンでも有用なやり方です。

例えば、コンペティションにおいて、相手方の担当者が複数いるとします。そこで全員に受けのいいようなプレゼンを行おうとすると、「戦力が分散」される可能性があります。それよりも、**キーマンの目星をつけ、その人を感動させることだけを考えてプレゼンを行う**ほうが、戦略がヒットしたときの突破力が断然高くなります。

また、交渉事においても、あれもこれもと主張を展開するより「これだけは譲れない」という一点を決めて臨んだほうが、突破しやすくなります。なぜなら、**譲れないひとつの主張だけを通すための準備に労力を集約**できるからです。

キャリア形成においても同じことが言えます。手広くいろいろ学ぶより、一分野を集中して深く掘り下げ、専門家を目指すほうがプラスに働くでしょう。

弱くても勝つ方法を知ろう

同じ土俵で戦うのであれば、規模の大きな方が有利なのは当然。
戦い方に工夫をして、“弱くても勝てる”方法を知ろう。

心得1 労力を集中する

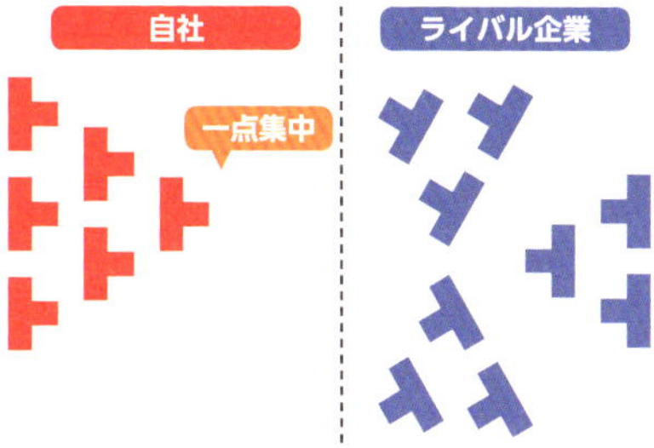

大企業であればあるほど、展開する分野も増えるため、労力も分配されます。規模で負けているとしても、ひとつの分野に労力を集中すれば、大企業にも負けない力で戦うことができます。

心得2 狙いを悟らせない

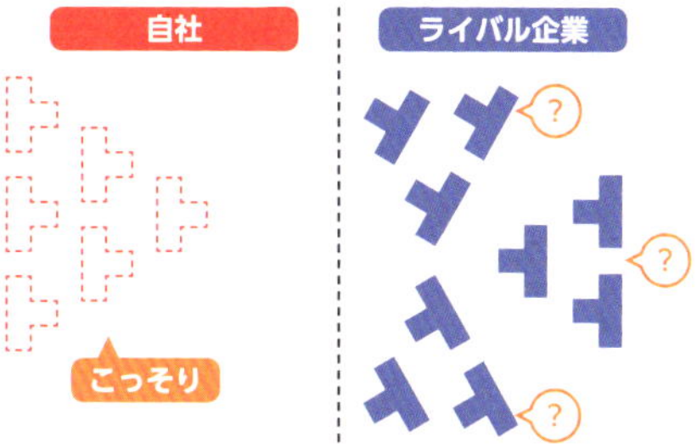

ひとつの事業に労力を集中させたとしても、その狙いが相手企業にばれてしまっては、対策を立てられてしまいます。自社の狙いを隠し、相手の労力を分散させることが、勝利の秘訣となるのです。

キャリア形成も一点集中が有効

特定の能力に秀でたビジネスパーソンのほうが、企業にとってほしい人材。
キャリア形成、とりわけ転職市場においても、一点集中は有効なのです。

✕ いろいろな分野の仕事をちょっとずつ経験

中途半端な能力しかなく、
企業にアピールする部分がない……

○ 特定の仕事を業界No.1レベルまで経験

幅広くはないが、
確実にほしがる企業が出てくる!

成功体験に依存しない！

読み下し文

兵《へい》を形《あらわ》すの極《きわ》みは、无形《むけい》に至《いた》る。无形《むけい》なれば、則《すなわ》ち深間《しんかん》も窺《うかが》うこと能《あた》わざるなり。

《虚実篇》

柔軟な思考で相手のニーズを読み顧客満足度を上げる

生死を賭《と》しての戦において、もっとも重要なもののひとつは柔軟性でした。孫子の兵法は、決まった陣形を持たず、敵陣に合わせて変幻自在に布陣することができれば、確実に勝利できると説いています。

どんな仕事であれ、常にマニュアル優先で杓子定規《しゃくしじょうぎ》の対応しかできないのではうまくいかないもの。ある程度は顧客や取引先に合わせるような**柔軟さを持って取り組む**必要があります。

ビジネスにおいては、相手に対しこちらの手際のよさを見せることができれば、取引は優位に進みます。その場で柔軟に対応し、相手に合わせるだけではなく、**あらかじめ相手のニーズをくみ取り、先回りして準備**しておくことができれば、顧客の満足度はさらに上がるはずです。

今日までの正解が明日も正解であるとは限らない

『孫子』の言う「无形（無形）」に至るうえでの難しさは、私たちが**過去の成功体験に縛られてしまいがち**なところにあります。大ヒットした商品や、劇的に成約率を高めた手法などがあれば、なかなか変えようとは思わないでしょう。

しかし、どんなに流行ったものでも、いつかは廃《すた》れていきます。特に、流行のサイクルのスピードが速く、ビジネス環境もめまぐるしく変わる現代においては、**今日までの「正解」が、明日も変わらず正解であり続けるとは限らないのです**。もはや時代遅れになってしまった後も、その事実を受け入れられず従来のやり方に固執してしまうと、傷口は広がるばかりです。

ただし、だからといってすべてを闇雲に変えればいいわけでもありません。ある程度仕事の経験を積めば、自分なりのスタイルが定着してくるもの。それを疑ってしまうと、今度は自信を失います。**成功体験のうち8割方はその手法を維持しつつ、残りの2割で新たな試行錯誤を行う**のが妥当ではないでしょうか。

組織が硬直化する4つのパターン

組織の考え、方針が硬直化するには、いくつかのパターンがあります。
こういった状況に自社が陥っていないか、気をつけましょう。

パターン1 個人プレーへの依存が強い

優秀な人材や管理職に仕事が集中して、できる人とできない人との差がいつまで経っても縮まらない。優秀な人が潰れてしまうこともある。

パターン2 短期的な成果ばかりを求める

短期的な成果を出そうとすることで、継続的な成長を評価しない。短期的な個人評価しかないため、組織のために貢献しようと思わなくなる。

パターン3 自分第一主義が横行している

自分に課せられたノルマをこなしていれば、ほかがどうなっていようと他人ごと。成果が出ないときはいつも誰かに責任転換している。

パターン4 新しい取り組みに対して非協力的

新しいことに取り組んでも周囲からの協力が得られない。やっても無駄だとあきらめてしまう。

成功は「8割維持」で「2割変更」がいい

成功体験に固執しないといっても、闇雲に変えればいいものではありません。
自分のスタイルを8割維持しつつ、2割を変えるぐらいがベターです。

× 成功した形から変えようとしない……

過去の成功体験に固執するパターン。大きな失敗はないかもしれないが、いずれ淘汰されてしまう可能性が高い。

△ 成功した形から8割以上変える!

新たな挑戦をする気概はよいが、過去のいいノウハウまで捨てる危険性が。失敗すると自信喪失にもつながりかねない。

○ 8割現状維持で2割は新しい挑戦!

過去の成功から「こうすればうまくいく」という部分を維持しつつ、新たな挑戦もすることができて、一番バランスがよい。

競争編

7

「運が悪かった」で片づけてはいけない

読み下し文

兵《へい》には、走《はし》る者《もの》有《あ》り、弛《ゆる》む者《もの》有《あ》り、陥《おちい》る者《もの》有《あ》り、崩《くず》るる者《もの》有《あ》り、乱《みだ》るる者《もの》有《あ》り、北《に》ぐる者《もの》有《あ》り。凡《およ》そ此《こ》の六者《ろくしゃ》は、天《てん》の災《わざわ》いには非《あら》ずして、将《しょう》の過《あやま》ちなり。《地形篇》

天運に頼らず反省することで成長できる

孫子の兵法では、部下である兵士の失敗や士気の低下、敗走などは**すべて上司である将の責任**と断言しています。

当時、戦の勝敗は「天を味方につけたほうが勝つ」との考えが一般的でした。つまりは出た所勝負であり、運に頼っている部分が大きかったのです。そんな中、孫子の「すべては将の責任」とする発想はきわめて合理的であり、革新的なものだったといえます。

仕事でうまく成果が出せなかったり、ミスをしたときに、あなたはどう考えるでしょう。**「運が悪かった」ととらえると、気分の切り替えはできるかもしれませんが、いつもそれでは成長はできません。**

言い訳をせず改善点を考え自分を変えていく

自らの給料が上がらなかったり、思い描いている職に就けなかったりすることを「不景気のせいだ」と片づけるのは簡単ですが、いくらそう嘆いたところで状況は変わりません。日本国民全員、条件は同じはず。そして不景気であっても、成功している人は存在します。その現実をしっかりと心に刻んだうえで、何かを変えていかねばなりません。

もし「天運」にすべてをゆだねるなら、もはや自分ではどうにもできません。しかしそこで孫子の兵法のように**「人の問題」と考え、悪い部分を改めれば次のステップに進める**ことになります。

優れたリーダーや成功者たちは、失敗しても他人のせいにせず、どんな環境に置かれても、自らを成長させる努力を怠りません。たとえ**どんなに理不尽なことが起きても、まずは言い訳をしない**こと。その習慣を身につけて、自らに足りない部分を改善し続けていけば、きわめて合理的に成長することができるでしょう。

「負け」を招く6つの原因

仕事がうまくいかないのを運のせいばかりにしてはいけません。
6つの「負け」の形を知り、これらに陥らないよう気をつけましょう。

走 敵前逃亡する

「10倍の敵に勝て」のように無理な要求を部下に強いては、やる気をなくしてしまうのは当然。味方の戦力と敵の戦力をきちんと把握するようにしましょう。

弛 気がゆるむ

部下の能力はあってもリーダーに統率力がないと部下はだらけてしまいます。優しいだけのリーダーから卒業して、締めるところは締めましょう。

陥 落ちこんでしまう

部下が「できない」ことに対して、リーダーが責めたててモチベーションを下げてはいけません。どうやったらできるか一緒に考えましょう。

崩 自ら崩壊する

部下がリーダーの指示を聞かずに突っ走るなどすると、チームは自滅します。部下とコミュニケーションを密にして、結束力を高めましょう。

乱 混乱する

リーダーが優柔不断だとチームは混乱してしまいます。指示は曖昧《あいまい》にせずはっきりと行いましょう。きちんと指示が行き渡っているか確認することも忘れずに。

北 完全敗北する

たとえ負けたとしても、そのまま逃げ帰ってしまっては「完全敗北」となってしまいます。「負けても次につなげる!」という意識をチームで持てるように。

齋藤流
仕事に生きるアイデア

LET'S TRY!

4

自分のパターンを知る「ミス・ノート」のススメ

　仕事にミスはつきものですが、同じミスを繰り返すようではフォローしてくれていた人にも呆れられてしまいます。まずは**自分がどんなミスを犯してしまっているのか、「見える化」する**ことから始めましょう。

　仕事内容と何をミスしたのかをノートに書き出します。例えば大切な書類を紛失してしまった場合、机に置いていたほかの書類と一緒に処分してしまったのか、自宅に持ち帰ったときになくしてしまったのか、移動中にどこかで落としてきてしまったのか……など、いろいろな原因が考えられます。そしてそれに対する自分なりの解決策も記入していきます。ノートに記述が溜まってくると、**自分のミスのパターンが浮き彫りになります。これが「ミス・ノート」です。**「ここさえミスらなければ大丈夫」ということがわかり、対策を立てることができます。そうすると必然的にミスは減っていきますし、ポジティブな気持ちで仕事に臨むことができるでしょう。「終わったことだしもういいか」で済まさずに、ミス・ノートを作って再発防止に努めたいものです。始末書を書くのに似ていますが、誰かに書けと言われて嫌々書くのとは違い、**必ず原因をつきとめて改善してやろうという前向きな気持ちになる**のでおすすめです。

　また、考えようによっては、**ミスは自分の問題点を明らかにできるチャンス**であるとも言えます。企業が顧客からのクレームを大事に集め、改善委員会のようなものを立ち上げ、原因の究明と改善を行い、顧客満足度を高めるといった例はよくあります。これを個人単位で実践するのです。「少しずつ直していけばいいや」と考えるのではなく、即座に修正を図っていくことが重要です。

5章

失敗・挽回編

Failure & Recovery

失敗したときの対処と予防

商品企画二課
それにしても滑川部長って
うちの課に何かうらみでもあるんですかね？
1回目のときもこき下ろされましたよね？
あーあれね　そっかお前は知らないか
何かあるんですか？
あの人ね
ガチャ
ズイッ
おっと
おう 高津 元気にしとるか
どーもおかげさまで

あんな はねっかえりの 下でお前も大変だな 営業に 戻ってこんか？
いやいや
フン！
計算もろくにできん 小娘が〝企画〟だとよ さっさと 寿退社でもして くれりゃあなあ
あ 貰い手が おらんのか
ムカッ
スッ
まあまあ その辺で
そういや部長 次のゴルフコンペ なんすけど――
ぐいぐい
麻生さん！

なんでなにも
言い返さないいん
ですか！
いいの

孫子の兵法

主《しゅ》は怒《いか》りを以《もっ》て軍《ぐん》を興《お》こす可《べ》からず。将《しょう》は慍《いきどお》りを以《もっ》て戦《たたか》う可《べ》からず。

文意 主君は一時の怒りの感情から軍を興《おこ》し戦争を始めてはならず、将軍は一時の憤怒に駆られて戦ってはならない。どんなときも、冷静になろう。

P172 CASE1 どんなときでも怒らず冷静に！

でも……
私が
一課にいたときに
企画した商品で
損失を出しちゃって
その責任を
滑川営業部長が
取らされたの
それで……

私のことはいいから
企画に集中しましょ
……
はい！
12
3
6
9

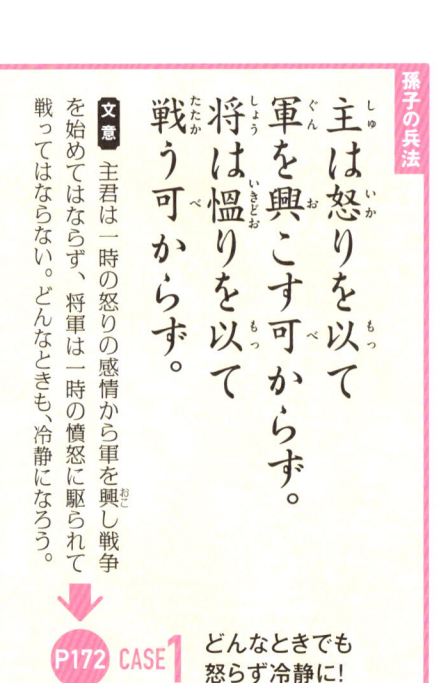

今回のプレゼンで問題になった素材はこれかしら
計算は合っているけど確かに原価が安すぎるわ
マキちゃん技術部のデータから算出したのよね？

はい ちょっと変だなって思ったんですけど
幸田さんも技術部のデータだから間違いはないだろうって…

なるほどね
これかー！

孫子の兵法

彼《か》れを知《し》り己《おの》れを知《し》らば、百戦《ひゃくせん》して殆《あや》うからず。

文意 （軍事においては）相手の実情を知って自己の実情も知っていれば、百回戦っても危険な状態にはならない（相手の実情を知らずに自己の実情だけ知っているのならば、勝ったり負けたりする。相手の実情も自己の実情も知らなければ戦うたびに危険に陥る）。部下から上司へ具体的な報告は上がっているか、確認を怠りなく。「大丈夫です」「ちゃんとやってます」という言葉は、言うべきことを言えていない可能性がある。

P174 CASE 2 ミスを隠さない環境をつくる！

そのときに言ってくれれば
――いやいや
まだまだ言いたいことを言える環境になってなかったのね
マキちゃんの性格もわかっていたはずなのに
マキちゃん気がついたらそのときに何でも言ってね
みんなも怒ったりしないから何でも隠さずに言うこと！
はーい
亮太！ちょっと技術部に行って素材の価格データをもらってきて
はい！いってきます
どうだった？

しゅん…
なんか価格データもらえなくって
何やったの!?
宮川の回想
技術部
すみませーん
素材の値段教えてください
何用の素材だい?
えーと企画中のもので…
マネされた?
情報漏《も》れた?
あ
情報漏《ろう》えいしたらいけないのでとりあえず全部ください
なる早で

情報漏《ろう》えいって
うちらが
漏《も》らしたってか!?
そういうつもりなら
きっちり上を通して
出直してこい!
ズーン
ザーッ
あんたねえ……

いいから
もう一度行って
謝ってきなさい

…高津さんと
行っちゃ
ダメですか？
怖くって…

孫子の兵法

地《ち》を知《し》り天《てん》を知《し》らば、勝《かち》は乃《すなわ》ち全《まっと》うす可《べ》し。

文意 土地の状況が軍事に持つ意味を知り、天界の運行が軍事に持つ意味を知っていれば、勝利は計算どおり完璧に実現できるといわれる。現場の状況の把握は、上司だけでなく現場の全員で共有できていることが望ましい。

P176 CASE 3
失敗は怒らず
「考えさせる」工夫を!

ちょっと今の状況を整理してみようか
コスト計算のやり直しをするのに技術部が持ってる素材の価格データが必要です
なのに余計なこと言って怒らせてしまいました
余計なこととは何？
情報漏えいがどうこう？
そうね
あれはツトムくんの軽口みたいなものだからね
あと素材の価格がなぜもう一度必要なのか私がしっかり理由を説明していなかったのは悪かったわ

素材の単価について疑問点があったの
いい素材なのにちょっと安すぎではないかなって
すべて理解しました！
おお!!
ひとりで行ってちゃんと説明するのよ!?
はい！
あ
ピタッ
でもやっぱりちょっとおっかないです
大丈夫だから行きなさい！
それにしてもあんなに怖がるなんて
技術部の主任優しそうなおじさんなのに

そういえば
まだ
2年目か……
ちょっと
厳しかった
かしら

孫子の兵法

吾《わ》が以《もっ》て待《ま》つこと有《あ》るを恃《たの》むなり。

文意 （軍事力を運用する原則として）敵がやってこないことをあてにするのではなく、敵がいつやってきてもいいような備えがあることを頼みとすること。過大に期待してしまうと失敗したときの失望が大きくなるし、期待されたほうのプレッシャーも大きくなってしまうのだ。

P178 CASE 4 「期待しすぎ」は負担になる!

孫子の兵法

少《すく》なければ則《すなわ》ち能《よ》く之《こ》れを逃《のが》れ、若《し》かざれば則《すなわ》ち能《よ》く之《こ》れを避《さ》く。

文意 （自軍の兵力が敵軍より）少なければ巧みに敵の攻撃範囲から退却・離脱し、まったく兵力が及ばなければ、うまく敵を回避して潜伏する（少ない兵力なのに頑固に戦おうとすると、敵の大部隊の捕虜となるのがオチである）。マイナス面が大きかったら、やめる勇気を持つことも必要なのだ。

P180 CASE 5 どう見ても無理なら撤退する!

やっぱり一緒に行ってあげるべきだったかな……
でも

戻りましたー
おかえり

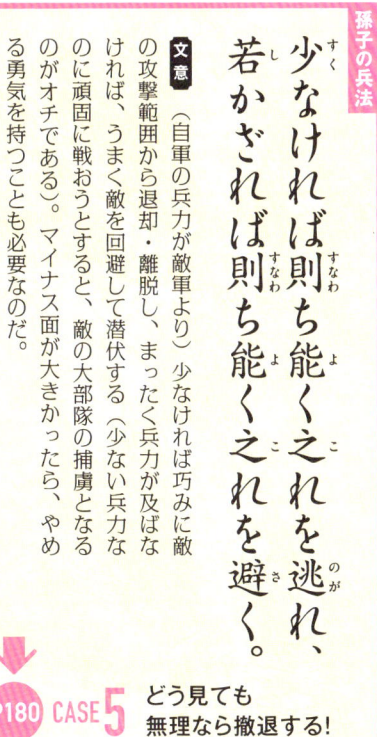

パアァ
ア…
麻生さん データ
もらえましたよ
お菓子も
もらっちゃった
子どもか!
それで…
素材の仕入れ値は間違ってないんですけど
大量購入したときのものになっていたから安い単価になっていたんですって
優しい主任さんが教えてくれました!
な なるほど
それで普通ならありえない単価になっていて滑川部長に指摘されたのね
技術部
中原主任…

麻生さん このネタ使えませんかね
何？
中原主任は昔部下のミスの責任を取って
営業から技術部に左遷《させん》されたらしいです
←部下
ちなみにその部下ってのは平社員だったころのあの滑川部長です
中原主任を味方に滑川部長攻略できませんかね
あんたね
だいたいなんでそんなこと知ってるのよ
いやその
こいつ社内の人事ファイルに不正アクセスしたかどで二課に飛ばされたんすよ
いやあ〜

隠されると見たくなるじゃないですか
なんで懲戒解雇《ちょうかいかいこ》にならなかったの!?
外部に漏《も》らしたわけではないので…
あ もう やってませんよ

で 中原主任は
その左遷《させん》で出世街道からは外れてしまったんですけど
めげずに勉強をして現在の地位についた人なんです
そんなことがあったの……

孫子の兵法

善《よ》く戦《たたか》う者《もの》は、其《そ》の勢《せい》は険《けん》にして、其《そ》の節《せつ》は短《たん》なり。勢《せい》は弩《ど》を彍《ひ》くが如《ごと》く、節《せつ》は機《き》を発《はっ》するが如《ごと》し。

文意 戦いが巧みな者は、勢いを限度いっぱいまで溜め、放出するのは一瞬である。勢いを溜める様子は弩《いしゆみ》の弦《つる》をいっぱいに張るようなものであり、放出は瞬間的に引き金を引くようなものである。仕事がない不遇のときには勉強して力を蓄え、チャンスが来たら一気に蓄えた力（くすぶり力）を出すのがよいのだ。

P182 CASE 6 不遇の「くすぶり」を力に変える!

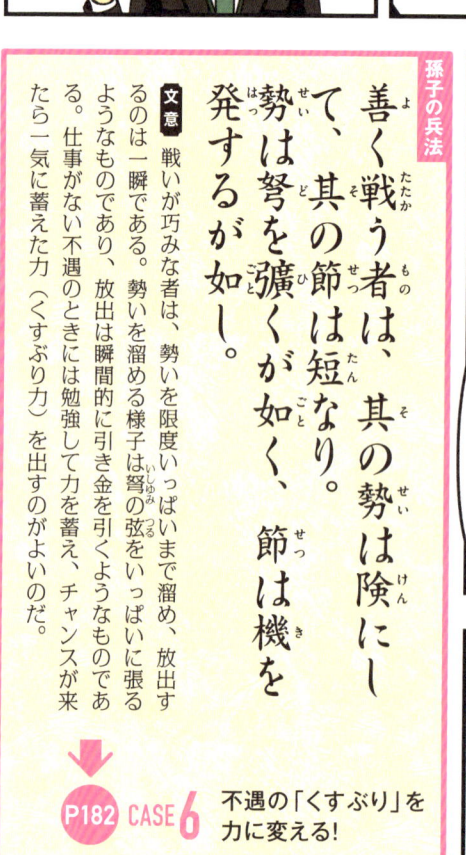

『くすぶり力』ってあるのねぇ……
希望でない部署に配属された社員2人
ぐちぐち
愚痴ばかり言っている社員
✕ そのまま落ちぶれ
なにくそとコツコツと勉強した社員
○ きっかけをとらえて浮上
そういえば主任さんが麻生さんのことについて話してましたよ
え！何を!?
製品と会社のことをよく考えていて
いい企画を出してくれるんだ
だって

特に今回の企画では手に触れる部分の質感に注目してるのが気に入ったって
できることがあったら何でも言いなと言ってました
そう……
孫子の兵法
超訳!!
孫子の兵法」をわかりやすく図
次こそはいけるかしら

孫子の兵法

兵《へい》とは国《くに》の大事《だいじ》なり。
死《し》生《せい》の地《ち》、存亡《そんぼう》の道《みち》は、
察《さっ》せざる可《べ》からざるなり。

文意 軍事とは国家の命運を決する重大事である。軍の生死を分ける戦場や、国家の存亡を分ける進路の選択は、慎重によく考え抜いて行わなければならない。勝算なしのチャレンジは無謀なのだ。

P184 CASE 7 むやみやたらな挑戦は失敗のもと!

これは無謀な挑戦じゃないわ
コスト計算もやり直した
コンセプトも間違っていない
部長対策もできる！

3度目の正直 次はいけるわ！

どんなときでも怒らず冷静に！

読み下し文

利《り》に非《あら》ざれば動《うご》かず、得《え》るに非《あら》ざれば用《もち》いず、危《あや》うきに非《あら》ざれば戦《たたか》わず。主《しゅ》は怒《いか》りを以《もっ》て軍《ぐん》を興《おこ》す可《べ》からず。将《しょう》は慍《いきどお》りを以《もっ》て戦《たたか》う可《べ》からず。《火攻篇》

一時の感情に任せ怒ってしまうと一生の信頼を失う

孫子の兵法では、一時の激情にまかせて戦を始めてはならず、常に利を推《お》し量《はか》り、合理的な理由がなければ戦はすべきではないと説きます。

仕事においても、**一時の感情に任せて、怒ったり、相手に対し不条理な行動をとってしまったりすると、いい結果は生みません。** そうして一瞬で失った信頼を回復するのには長い時間がかかりますし、大切なつながりを断ち切ってしまうこともあるでしょう。

周囲に対してむやみに高圧的だったり、威張《いば》ったりするのもまた、自分の感情をコントロールできていない証。それでは周囲からの協力は得づらく、仕事に支障が出てしまいます。

仕事ができる人は自らの状況を客観的に判断できる

感情的にならずに仕事と向き合うために必要なのが、**自分の置かれている状態を客観的に理解する戦略的判断**です。

例えば、浮き沈みの激しい芸能界では、流行語大賞を取ったようなお笑い芸人が翌年にはもう忘れ去られてしまう、といったことが日常茶飯《にちじょうさはん》です。そんな中、少し売れたからといって横柄《おうへい》な態度をとり、感情に任せてわがままを言っていては、潮が引くように人が離れて干されてしまうのは想像に難くありません。もし生き残りたいなら、前提として**誰にでも愛想よく謙虚にふるまうことが合理的**であるといえます。

仕事においては腹の立つことも当然あるでしょうし、苦手な人もいるでしょう。しかしだからといって感情的になるのは、プロフェッショナルではありません。**自分の心の在り方よりも、まずはその仕事の成否を優先し、どんな状況でも結果を出すのがプロフェッショナル**です。

仕事で実践！

感情でなく理性を優先して働く

冷静な判断が大切なことはわかっていても、仕事がうまくいっていないときほど頭に血がのぼり、感情的な判断を下してしまいがちです。

感情で動くと仕事はうまくいかない

計画 → 実行 → 不測の事態や重大なミスが発覚

感情で判断する場合

- 場当たり的に目先のミスの修正に取り組む。
- 焦るばかりで正確な状況判断ができない。

▶ Bad… リカバリーに失敗 または 損失拡大

理性的に判断する場合

- ミスの原因を分析して状況把握に努める。
- 必要に応じて自分以外の人員投入などを判断する。

▶ Good!! リカバリーに成功 または 損失を最小限にできる

感情にとらわれないための心得

心得1 自分だけで判断せず周囲の意見を聞く

当事者だとどうしても冷静な判断が難しいことも。経験者や専門家、より現場に近い人間の意見を聞いてみましょう。

心得2 数値化できるものだけで物ごとを考える

感覚、経験則などを一度頭から外して、データのみを見つめると冷静な判断をしやすくなります。ただし、判断にはデータを正しく読み取る能力も必要です。

ミスを隠さない環境をつくる!

読み下し文

彼《か》れを知《し》り己《おの》れを知《し》らば、百戦《ひゃくせん》して殆《あや》うからず。彼《か》れを知《し》らずして己《おの》れを知《し》らば、一勝《いっしょう》一《いっ》負《ぶ》す。彼《か》れを知《し》らず己《おの》れを知《し》らざれば、戦《たたか》う毎《ごと》に必《かなら》ず殆《あや》うし。

《謀攻篇》

敵を知るのも大切だが それよりも前に 自分を知ること

この言葉の冒頭部分は、特に有名だと思います。事前に相手のことを知っておくのが大切である、ということに焦点を当てて用いがちですが、実はその後に続く文を読めば、**孫子は「己れを知らざれば」の部分により重きを置いている**ことがわかります。敵を知らなくとも自分を知っていれば勝ったり負けたりするが、自分を知らなければすべての戦いで負けるかもしれない、と説いているからです。**自分の実力を正確に把握**していなければ、そもそも敵と比べるための指標がぶれていることになります。それではいくら相手を分析しても、正確な戦力比較はできません。

組織が自らの力を正確に把握するには情報共有が欠かせない

自分のことに関しては、つい評価が甘くなってしまいがちですし、過大評価しがちなものです。しかしビジネスにおいては、それを理解したうえでできるだけ**自分を戒め、他人などの意見も取り入れながら客観的に評価**すべきです。

さらに、組織やチームをひとつの個ととらえるときにも、同じことがいえます。その規模が大きくなるほど、各個の判断や行動が見えにくくなるものですが、**不透明な部分が多いほど、「己れを知る」境地から遠のいていきます。**

例えば、部下が何かミスを犯したとしましょう。彼にしてみれば、それを報告すれば評価が下がることは目に見えていますから、できるだけ隠そうとします。しかしそのミスに関する情報が共有できないと、それがすなわち組織が抱えるウィークポイントとなります。**組織やチームが「己れを知る」**ためには、きちんと**情報を共有できる仕組みと、互いの信頼関係の構築**が欠かせないのです。

「ジョハリの窓」で自己分析

知っているようで実はあまり知らない自分のこと。自分では「できる人」だと思っていても、他人からはそう思われていないということも……。

「ジョハリの窓」とは?

心理学者ジョセフ・ルフトとハリー・インガムが提案したモデルで、2人の名前を組み合わせて「ジョハリ」と呼ばれます。自己をどこまで公開し、どこまで隠すのか、コミュニケーションの円滑な進め方を考えるためのモデルです。

[ジョハリの窓]

	自分が知っている	自分が知らない
他人が知っている	Ⅰ 開放の窓 (open self)	Ⅱ 盲点の窓 (blind self)
他人が知らない	Ⅲ 秘密の窓 (hidden self)	Ⅳ 未知の窓 (unknown)

Ⅰ 開放の窓

他人も知っている自己のこと。いわばオフィシャルな自分といえる部分。

Ⅱ 盲点の窓

他人はわかっているのに、自分で気づいていない自己。自分ではわからないため、修正しにくい部分。

Ⅲ 秘密の窓

他人は知らず、自分だけが知っている自己。いわば秘密にしている部分のこと。

Ⅳ 未知の窓

他人も自分も知らない自己。「可能性」でもあるが「必要ない部分」でもありえる。

「盲点の窓」の危険を回避するには

盲点の窓は誰にでもあるものですが、自己評価が甘く「できる人」を自認していると危険です。以下のポイントを押さえて、盲点の窓をなくすようにしましょう。

POINT 1　言いたいことを言い合える職場づくり

立場に関係なく欠点を注意し合える職場が理想。雑談の中で気づきを得られることもあります。まずは雑談をしやすい環境づくりから始めましょう。

POINT 2　メールでの意見交換を活発に行う

面と向かって言いづらいことでも、メールだと意見を言いやすいことがあります。仕事の反省・改善点を提出してもらい、そこから自分への意見を読み取ります。

失敗は怒らず「考えさせる」工夫を！

読み下し文

地《ち》を知《し》り天《てん》を知《し》らば、勝《かち》は乃《すなわ》ち全《まっと》うす可《べ》し。

《地形篇》

幅広く情報を集め組織内で展開して共通認識とする

『孫子』のこの兵法を現代に置き換えるなら、社会状況や経済状況、流行など、**自らの仕事以外の状況についても知っておくことで負けにくくなる**、と解釈できます。

『孫子』の時代には、こうした情報はすべてトップが集約し、判断を下していました。しかし現代の会社組織はより複雑に分化し、それぞれが自らの役割を判断して動くことを求められることがままあります。**いかに上司と部下で周辺情報を共有し、そこから導き出した行動倫理のもとで動けるか**が、組織として成果を残すための鍵となります。

しかし、ときにはどうしてもメンバーの認識がそろわず、ミスが起きることがあるでしょう。職歴が短く経験値が低い新人であれば、どうしてもそうした「勘違い」によるミスを犯してしまいがちです。

当事者自らに考えさせることで失敗を「勝ち」に変える

失敗のない人間はいません。ミスの起きない組織もまたありません。重要なのは、**ミスをしたときの対応**です。マイナスをある程度許容しつつ、いかに最小限に抑えるかがポイントといえます。

もし部下がひとつの失敗を起こしたとき、ただそれを叱責し、自らが修正するだけでは、組織の成長はありません。大切なのは、**失敗の原因と、それにより現在置かれている状況を当事者自らに考えさせる**ことです。

例えば、対応のミスから取引先を怒らせてしまったとします。そこでまず、「なぜ取引先は怒ったのか」について考えを聞き、そのうえで「今の状況と、それにどう対応するべきか」を問います。もしここでピントがずれた答えが返ってきたなら、正解を教えてあげる必要はありますが、いずれにせよ部下が**能動的に考えることで状況理解が深まり、同じ失敗を繰り返さなくなります**。逆の立場になったら、ミスは隠さず原因まで上司と共有し、対応策を自ら考えるようにしましょう。

上手な情報共有のための心得

情報共有の重要性はどんな会社でも言われていることです。
しかしなかなかうまくいっていないのが、実情ではないでしょうか。

心得1 入れ物だけをつくって安心しない

情報共有の大切さを証明するように世の中には営業支援ツールや社内SNS、グループウェアなどさまざまなツールがあふれています。しかし、形だけのIT化では意味がありません。みんなが使いこなせるための仕掛けが必要です。

心得2 発信された情報には確実に反応を返す

発信者が有用な情報を入力してもそれに対するレスポンスがないと、続けていてもつまらないと感じ、次第に離れていってしまいます。感想や意見を伝える仕組みをつくりましょう。

心得3 無駄な情報は省き必要な情報だけ載せる

自分に関係のない情報ばかりがあふれていると、本当に必要な情報にたどり着けず、「もういいや」と見なくなってしまいます。なるべく、必要な情報だけを発信するようにしましょう。

心得4 「報・連・相」を習慣化してミスを報告できるように

ミスの報告はしたくないものですが、被害が拡大してから発覚するのでは手遅れです。日ごろからコミュニケーションを密に取って、「報・連・相」を習慣化しましょう。

失敗・挽回編

4

「期待しすぎ」は負担になる！

読み下し文

兵《へい》を用《もち》うるの法《ほう》は、其《そ》の来《き》たらざるを恃《たの》むこと無《な》く、吾《わ》が以《もっ》て待《ま》つこと有《あ》るを恃《たの》むなり。

《九変篇》

大きすぎる期待は希望的観測に過ぎず落胆や怒りのもと

孫子の兵法では、敵がやってこないことを当てにするのではなく、自軍に敵への備えがあることを頼みにしなければいけない、と説いています。

この言葉を少し広げて解釈すると、**相手に頼り過ぎず、過度な期待をしないで、できるだけ自分の力で物ごとを解決すべき**、というように読み取れます。『孫子』は戦において、**希望的観測を徹底的に排除**する姿勢を貫いています。

吉田兼好も、随筆『徒然草《つれづれぐさ》』の中で、「万《よろず》の事は頼むべからず。愚かなる人は、深く物を頼む故に、恨み、怒る事あり」と記しています。過度に人に期待すると、その思いが裏切られたときの落胆や怒りが大きくなるからやめたほうがいい、というのです。

むやみに押しつけず冷静に相手の能力を見極める

例えばサッカーの試合で、ファンの期待を一身に背負った選手が、肝心なところで得点を決められずに敗戦し、優勝を逃したとします。いくらその選手がそれ以前の試合で活躍し、得点源となっていたとしても、その一度のミスで評価は大きく下がり「チャンスに弱い」などとレッテルを張られてしまうでしょう。スポーツの世界は概してそういうものですが、それにしても正当な評価とはいえません。

仕事においても、**正当な評価を下すためにはそもそもの期待値を上げすぎないこと**です。10の実力しかない部下に、30の成果を求めると、本人にとっても大きな苦悩の原因となります。大切なのは、冷静に部下の実力を見極めることです。実力が10なら、12くらいまで伸ばすことを目的にはっぱをかけるようにします。

闇雲に数字を押しつけ、成果ばかりを求めては、正当な評価は下せません。かといって**放任主義でも成長はありません**ので、やはり個々の能力に応じて、最適な仕事量を割り振る必要があります。

「期待する！」のはよく考えてから

「期待する」ことにはメリット・デメリットがあります。
相手の人となりを見ながら期待するのかしないのか、使い分けていきましょう。

相手に期待する

メリット

- 期待された側が「期待に応えよう」と奮起する。
- 何に期待しているかが明確であれば、ブレずに仕事が進む。
- 信頼関係が生まれ、結びつきが強くなる。

デメリット

- 期待が大きいほど、失敗したときの落胆が大きくなる。
- そこそこの成功でも、期待値より低いと満足できない。
- 期待された側はプレッシャーに感じることがある。

相手に期待しない

メリット

- 自分の思い通りに事が運ばなくても落胆しない。
- 相手にプレッシャーを与えない。

デメリット

- 相手が「信用されていない」と感じる。
- 仕事の成果がほとんど相手の力量次第に。

期待するときの鉄則

相手に期待した場合でも、ミスや失敗は起こるものだと想定しておきましょう。
事前に対策を立てておけば、必要以上に落胆することはなくなります。

リスクヘッジを考える

チェックを二重三重に行うなどの「想定外を起こさない対策」、スケジュールに余裕を持たせるなど「想定外が起きても害にならない対策」、データのバックアップをこまめにとるなどの「害が生じても損失を最小限に抑える対策」をしておきましょう。

希望的観測は排除する

他人に期待するときは、自分に都合のいい予測を立ててしまいがちです。他人の動きをコントロールするのは難しいもの。任せっきりにして、後で「こんなはずではなかった」ということがないように、経過報告は密に受け取るようにしましょう。

どう見ても無理なら撤退する！

読み下し文

少《すく》なければ則《すなわ》ち能《よ》く之《こ》れを逃《のが》れ、若《し》かざれば則《すなわ》ち能《よ》く之《こ》れを避《さ》く。故《ゆえ》に小敵《しょうてき》の堅《けん》なるは、大敵《たいてき》の擒《とりこ》なり。《謀攻篇》

強大な相手からは一旦逃げて傷を最小限に

負けず嫌いな人ほど、劣勢に立ったときに闘争心を燃やし、さらに攻めようとしがちです。あきらめない気持ちは確かに大切ですが、常に「イケイケ」では、ときに大きな傷を負うことになります。

孫子の兵法には、兵の数が相手より少なければそこから逃げ、到底敵いそうになければ戦闘自体を回避せよ、とあります。弱いのに強がってもただ負けてしまうだけと説いているのです。

目の前の困難を克服することができれば、人は成長します。しかし現在の自分ではあまりに**強大な相手や、高すぎる壁に無理をして挑み続けると、消耗し、いつか心も折れてしまう**でしょう。明らかに敵わないなら、さっさと撤退したほうが、傷は最小限ですみます。

メリットとデメリットを天秤にかけて撤退する勇気を持つ

ところが、ビジネスにおいては「撤退時期を逸した結果、ずるずると負債ばかり増えてしまった」というケースが後を絶ちません。中にはそれで倒産してしまう企業もあります。

一度動き出してしまった事業は、それなりの成果が上がるまで止めづらいものです。そこまでにかかったコストと時間、そして**続けていればなんとかなるだろう、という希望的観測が、撤退という決断の邪魔をする**のです。

ただ、『孫子』も述べている通り、明らかな「負け戦」にいつまで踏みとどまっていても、ダメージが大きくなるだけです。ちなみに、そうして撤退の判断を下せずにいる場合は、誰も責任を取りたがらずに問題を先送りしているだけということが多くあります。

ビジネスで重要なのは、メリットとデメリットをきちんと天秤にかけ、**デメリットに大きく傾くなら、発案者自ら潔く撤退する**ことです。「退く勇気」も、欠かせない能力のひとつといえるでしょう。

こんなときは逃げるが勝ち

勢いがあるからといって何でもチャレンジすればよいというものではありません。自分の力量と相談して、ときには撤退することも必要です。

状況1 立ち向かう相手が強大すぎるとき

挑戦する精神は素晴らしいですが、困難と自分の能力を正しく評価できていないと、自分が消耗するだけ。つらい経験だけが残ってしまい、成長も望めません。

状況2 自分の能力ではどうにもできないとき

限界を超えて仕事を続けると、心が折れて再起できなくなることも。あらかじめ自分の能力と限界を知り、無謀な戦いは避けて消耗を防ぎましょう。

逃げるときの判断基準をつくる

逃げることもアリだからといって、何でも逃げていては仕事になりません。メリット、デメリットを把握して、自分なりの基準をつくっておきましょう。

メリット>デメリット

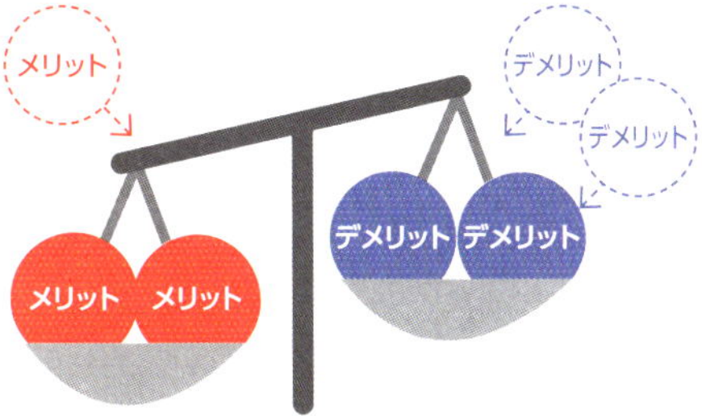

「消費が上向き」などのメリットと「予想よりもコストがかかりそう」などのデメリットについて調べましょう。比べてみて、メリットがデメリットを上回るなら逃げる必要はありません。

メリット<デメリット

デメリットがメリットを上回ったら撤退を。「もしかしたらよくなるのではないか」といった考えにとらわれると取り返しのつかない事態に陥ります。傷の浅いうちに逃げましょう。

失敗・挽回編

6

不遇の「くすぶり」を力に変える！

読み下し文

善《よ》く戦《たたか》う者《もの》は、其《そ》の勢《せい》は険《けん》にして、其《そ》の節《せつ》は短《たん》なり。勢《せい》は弩《ど》を彍《ひ》くが如《ごと》く、節《せつ》は機《き》を発《はっ》するが如《ごと》し。《勢篇》

弓を引くように目いっぱい力を溜めここぞで解き放つ

孫子の兵法では、戦いの巧みなものは、弓を目いっぱい引き絞って力を溜め一気に放出するように、蓄積した力を一瞬で発揮する、と説いています。常に兵力を分散して戦っていては、小競り合いが長引くだけ。**不遇なときにはできるだけ兵力を温存して機をうかがい、ここぞというタイミングで集中させて一気に解き放つ**ことで、戦に勝利できるのです。

仕事において、いつも順風満帆というわけにはいかないもの。ふいに望まぬ辞令が届いたり、上司や部下とのそりが合わなかったり、後輩に追い抜かれたりといったことから、失意の日々を送ることもあるでしょう。そんなとき、ただ落ち込んで愚痴を言ってばかりでは、何も生まれません。

逆境こそチャンス 知識とエネルギーを蓄え 自分を磨こう

不遇なときこそ、次のチャンスに向けて力を溜め、備えるべきです。**くすぶっている中では「いつか逆転してやる」という強い思いが生まれやすく**、それを「くすぶり力」として蓄積することで、チャンスが巡ってきたときに爆発的な力を発揮できるようになります。

くすぶっているときにおすすめなのは、**ひとつの勉強に徹底的に取り組むこと**です。

読書であれば、ひとりの著者の作品を短期間に10冊以上読み込む。英語なら、リスニング教材を何百回と聞きこむ。そうして「○○漬け」といえるほどにひとつの勉強に没頭することで気分もまぎれますし、短期間で深い知識を蓄えることができます。そして知識は自分の血肉となり、次のチャンスで能力を発揮するための力ともなります。

つまり、**不遇なタイミングというのは、それを糧として自分を磨くチャンス**ともいえます。そうして自らの力を蓄え、時が来たら一気に解き放ち、いままでのうっぷんを晴らす活躍をすればいいのです。

仕事で実践！

“くすぶり力”を蓄えよう

何をやってもうまくいかないときこそ、力を蓄えるチャンスです。
腐ってしまわずに、前向きな姿勢で臨みましょう。

くすぶり力がなぜすごいのか？

認められたい気持ちが力に

自分には才能があるはずなのに評価されない、世の中に正当に評価されていないと感じ、「認められたい！」と思うことが力になります。「自分はダメな人間だ」などと腐らずに真正面から物ごとに取り組んでみましょう。

地力をつけるチャンス

不遇の時期を迎えたとき、余った時間と労力を自身の勉強につぎ込むと、エネルギーのはけ口になりますし、血となり肉となり、逆境を跳ね返す原動力にもなります。

爆発力と持続力がある

逆境にある時期に蓄積した知識を解き放つときの爆発力は大きく、また一度蓄積された知識は簡単に失うことはありません。一度火がついたら燃え続けるものです。

量的な蓄積が質的な変化に

例えば短期間に同じ著者の本を10冊以上読み込むなど「○○漬け」になるほど徹底すると、その人物が自分の中に棲み込んだような感覚を味わえます。このように量から質への変化が起こり「身につける」ことができます。

くすぶることで大きな力が出る

くすぶっていた人

- 本当に自分がやりたいことが見えてくる。
- 自分の才能の使い方が分かってくる。
- 魅力あふれる人物になる。

くすぶらなかった人

- 自己否定からあきらめが早くなったり、チャレンジしなくなってしまう。
- 自分を過小評価してしまう。

むやみやたらな挑戦は失敗のもと！

読み下し文

兵《へい》とは国《くに》の大事《だいじ》なり。死生《しせい》の地《ち》、存亡《そんぼう》の道《みち》は、察《さっ》せざる可《べ》からざるなり。《計篇》

孫子の兵法では、戦争をすることは国家の一大事であり、勝っても負けても国民の生死や存亡に深くかかわる行為であると心得るべきだ。だからこそ、確かな勝算を導き出したうえで、慎重に決断することが大切だと諭しています。

つまり、国民の命を背負って戦をするうえでは、プラス面だけでなくマイナス面も把握して、マイナスが大きいなら軽々しく動いてはいけないことを示唆しています。

安易に挑戦するよりマイナス面も理解し慎重に決断すべき

ひとつの企画やプロジェクトの立ち上げに際しては、とかくプラス面ばかりが強調されがちです。プレゼンテーションにおいても、やはりポジティブな情報を前面に押すのが基本といえるでしょう。

しかしもしそこで、前に進みたいがあまり**マイナス面を見逃してしまうと、いずれ必ず、それがもととなってトラブルに見舞われる**でしょう。場合によっては、会社に大きな損害をもたらしてしまうかもしれません。そう考えたら、安易には動けないはずです。

なにか物ごとを立ち上げる際には「とにかくやってみてから考えよう」ではなく、**詳細に検討して陰に潜むリスクも明らかにしたうえで、「メリットが勝るからトライしてみよう」と判断する**のが正解です。また、何かの契約を結ぶ際にも、そこに潜む**最大のリスクは何かを特定**することが大切です。それを理解してからプラスマイナスを勘定し、リスクのある項目を修正したり、あるいは契約自体を行うかどうかを判断したりするといいでしょう。

リスクヘッジができるからこそ偉人となれる

古今東西の名将と呼ばれる人々を語る際は、「何を成し遂げてきたか」を挙げて評するものです。将を経営者に置き換えても、同じことが言えるでしょう。ただ、彼らはその選択の中で、**リスクを回避し、たくさんの負の提案を却下したからこそ、生きながらえて偉業を達成することができた**といえます。

仕事で実践！

リスクを認識して備える

仕事にリスクはつきものです。考えずに進めるのと、考えたうえで進めるのとでは、結果が大きく変わります。

○ リスクを「認識している」

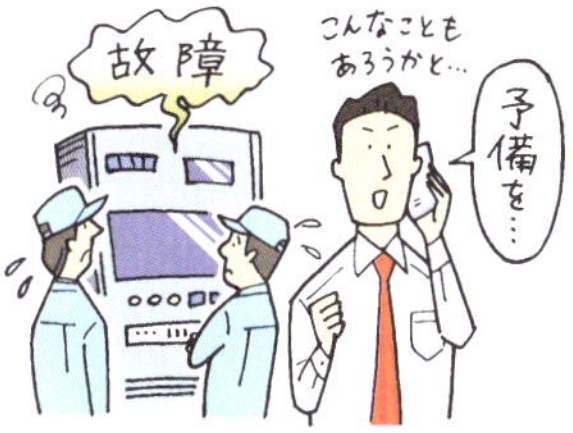

リスクの大きさを正しく理解しているため、事故などが起こったときに、被害を最小限にとどめる事後対応策を用意したり、速やかに撤退を決定することができます。

△ リスクの「認識が不十分」

突然の事故などで慌てはしませんが、想定を超える事態になったときに後手にまわってしまいます。リスクを過小評価しないことが重要です。

× リスクを「認識していない」

対応策が準備されないため、事故があったときにまったく対処できません。ビジネスを行ううえで、楽観視ほど危険なものはないのです。

相手のリスクも把握するとよい

リスクは自分だけでなく相手にも当然あります。それを把握していくことは、互いのメリットにつながります。

例えば契約はビジネスの中で特に重要なものです。自分が契約を行うときは曖昧《あいまい》なまま進めず、契約書にまんべんなく目を通して最大のリスクが何かを見極めることが大切です。また、相手に契約を持ちかけるときには、こちらから相手にとってのリスクを提示すると、誠実な態度が信頼されて、成約に結びつきやすくなります。

LET'S TRY!

気分が落ち込んだら ジャンプでリセット

仕事をしていると誰でも、やる気が出なかったり、気分が沈んでいる状態になることがあると思います。**そんなときに勧めたいのが「ジャンプ」です**。

どこでもいいので、立ち上がって10秒ほど軽くジャンプを繰り返すのです。大きく跳び上がる必要はありません。息を細かくハッハッと吐きながら、1〜2cm程度、ヒザのクッションを使ってボクサーが縄跳びをするような感じで小刻みに跳びます。肩の力を抜き、肩甲骨と両腕を揺らしながら上半身をほぐすイメージで行うのがコツです。肩と体が軽くなると沈んでいた気分はいくらかよくなっているはずです。

特に同じ姿勢でデスクワークをしている人におすすめです。ずっと座っていると横隔膜《おうかくまく》の動きが硬くなり、呼吸が浅くなって肩や首がこるなど、体に不調が出やすくなります。ジャンプすることで横隔膜もほぐれます。また、大勢の前でプレゼンをする前や大事な商談の前など、テンションを上げて臨みたい場面でも有効です。部屋に入る前のちょっとした時間に「絶対うまくいく!」「自分はできる!」と思いながらピョンピョン跳ねるといいでしょう。

精神的な問題を肉体的な側面から直接アプローチする方法は、一流のスポーツ選手も取り入れている有効な手段です。「落ち込んだらジャンプする」と標語のように覚えておいて、気がついたら実践してみるのはいかがでしょう。ついでに「なんとかなるさ」「日はまた昇る」「止まない雨はない」など**ポジティブな言葉を呪文のように唱えながらやると効果はアップ**します。

前向きな人や勢いのある人には、自然と仕事が集まってくるものですし、一緒に仕事をするのなら、できるだけ勢いのある人とやりたいものです。後ろ向きな人や事務的にしか動かない人と仕事をすると、精気を吸い取られてしまうような気がします。自分が前向きで勢いのある人になってまわりを巻き込みましょう。

6章 チーム編

The team

チームをより強くする！

その後
二課の企画は無事プレゼンを通り
人気No.1
満足度
瞬《またた》く間に西東電機の売れ筋商品となった
売れ行き上々だね
次も期待しているよ
頑張って
うちも二課に負けてられんなー
よっしゃ!!
商品企画二課
おはよう

おはようございます
その後もヒット商品を出した二課は大幅に増員された
カタ
カタ
カタ
カタ
社内でも注目の課となっていた
次の企画はどうしましょう
そうね……
う〜ん…
考えとくわ
はあ…
人員補強だって頭数増やされてもなあ……
みんなはうれしそうだけど…

孫子の兵法

善《よ》く戦《たたか》う者《もの》は、之《こ》れを勢《せい》に求《もと》め、人《ひと》に責《せ》めずして、之《こ》れが用《よう》を為《な》す。故《ゆえ》に善《よ》く戦《たたか》う者《もの》は、人《ひと》を択《えら》びて勢《せい》に与《したが》わしむること有《あ》り。

文意 巧みに戦う者は、戦闘に突入する際の勢いによって勝利を得ようとし、兵士個人個人の勇気には頼らず軍隊を運用する。そのため、戦いが上手なものは人々を選抜し適所に配置して、軍全体の勢いに従わせようとする。チームプレーがものをいう仕事では、少数の有能な人が活躍しても強いチームにはならない。メンバー全員のモチベーションをどう上げていくかを考える必要があるのだ。

P204 CASE1
メンバーのモチベーションを上げよう！

士気が上がらないときはほかの人のテンションに引っ張られるのもいいでしょう

ある企業にはモチベーションアップのためだけに雇われている社員がいるとか
へぇー
できるできる
君ならできる!!

女子が増えて
モチベーション
これからキミたちと一緒に仕事できるなんて毎日が楽しくなるな

でもあれはちょっとたるみすぎでは？
あいつは…
目標がしっかりしていれば大丈夫ですよ

孫子の兵法

民《たみ》の耳目《じもく》を壱《いつ》にする。

文意 （太鼓やドラ、旗さしものなどは）兵士たちの耳目を、将軍の指令する方向に統一する。チームメンバーに、全体の戦術と自分の役割を把握させることが大事なのだ。

P206 CASE 2
チームの意思統一はどうすればいい？

たとえばある自動車メーカーでは完全に部門を分けて製作をしていたのですが

シャーシ担当
エンジン担当
ボディ担当
トゲトゲ
完成!?

これではダメですよね
同じ目標を持つだけでなく
別の仕事をしながらでも
全体として調和して結果を出せるかまでが求められます
そのためにはどうしたらいいと思いますか？

孫子の兵法

衆《しゅう》を治《おさ》むること寡《か》を治《おさ》むるが如《ごと》くするは、分数《ぶんすう》是《こ》れなり。

文意 大部隊を統率していながら、小部隊を統率しているかのように整然とさせることができるのは、部隊編成の技術によるものである。

↓
P208 CASE 3
少数グループをつくって効率アップ!

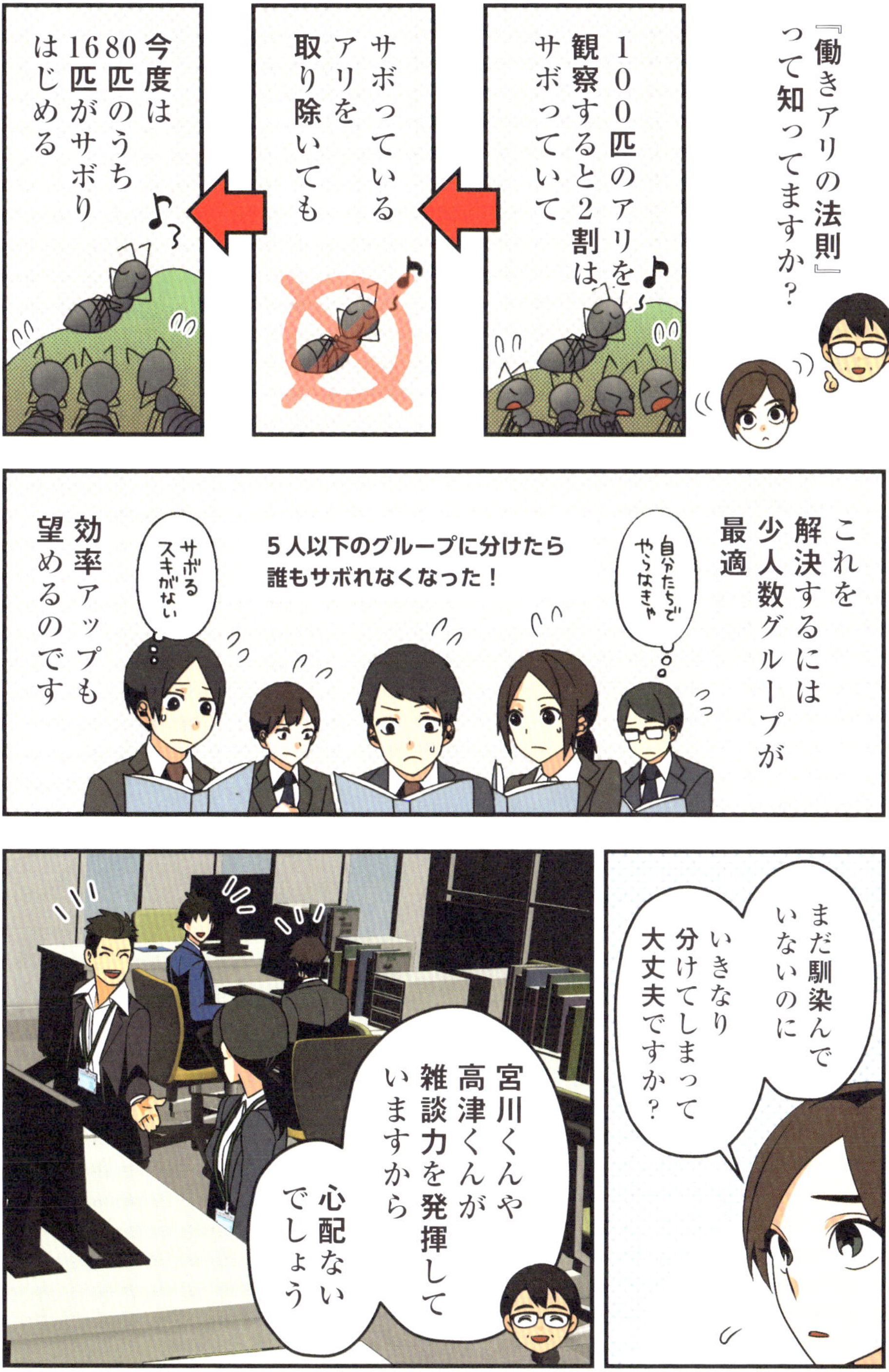
『働きアリの法則』って知ってますか？
100匹のアリを観察すると2割はサボっていて
サボっているアリを取り除いても
今度は80匹のうち16匹がサボりはじめる
これを解決するには少人数グループが最適
自分たちでやらなきゃ
5人以下のグループに分けたら誰もサボれなくなった！
サボるスキがない
効率アップも望めるのです
まだ馴染んでいないのにいきなり分けてしまって大丈夫ですか？
宮川くんや高津くんが雑談力を発揮していますから心配ないでしょう

それならば さっそく
みんな ちょっと 聞いて
次の企画は 3人ずつのチームに 分かれてもらって
各チーム ひとつずつ 企画を発表して もらいます

それって順位とかつくんですか？
最下位はクビとか……
別にそんなことはしないけど……
優秀なチームにはなにかご褒美があるかもしれません
パン
さ はじめ！
宮川チーム
高津チーム
幸田チーム
本多チーム
なかなかうまく回っているみたいね
麻生さん

チーム
ミーティングで
会議室をお借り
したいのですが
わかったわ

でもね
ミーティングは
いいけど
会議室を使って
だらだらと
議論しても
意味がないの

ですよね？
課長
そのとおり

さっと集まって
要点だけ確認して
さっと散るのが
理想ですね

孫子の兵法

兵《へい》は詐《さ》を以《もっ》て立《た》ち、利《り》を以《もっ》て動《うご》き、分合《ぶんごう》を以《もっ》て変《へん》を為《な》す者《もの》なり。

文意 軍事行動は敵を欺くことを基本とし、利益のみに従って行動し、分散と集合の戦法を使って臨機応変に戦うことである。ダラダラと長い会議は労力の無駄づかいになる。

P210 CASE 4
会議は短く簡潔に行うが鉄則!

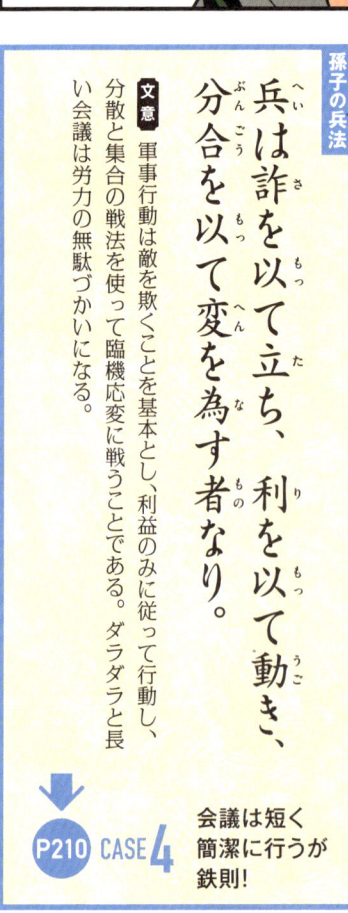

わかりました
7日
カタカタ
カタカタ
そして——
課内プレゼン当日

キューーッ
それでは宮川チームからいきましょうか

なんですかそれ？
発表後の質疑応答で使います

孫子の兵法

智《ち》者《しゃ》の慮《りょ》は、必《かなら》ず利《り》害《がい》を雑《まじ》う。

文意 智者の思慮は、どんな事柄を考える場合にも、必ず利益と損害の両面をつき合わせて洞察する。議論をするときには、プラス面とマイナス面の両方を検討すべきということだ。

P212 CASE 5
会議では
プラスとマイナスを
明確に!

宮川チームのプレゼン開始

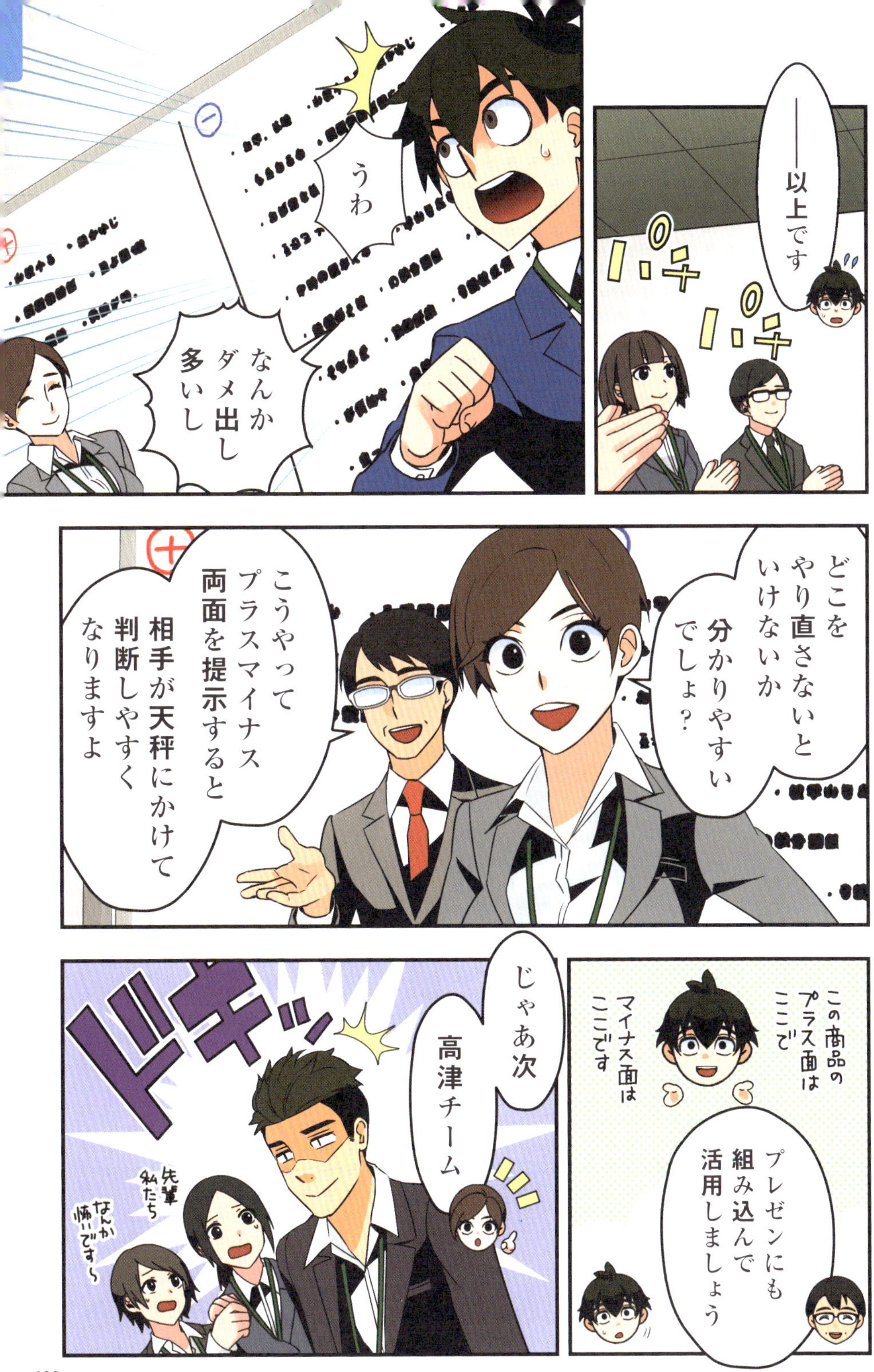
——以上です
パチ
パチ
うわ
なんかダメ出し多いし
どこをやり直さないといけないか分かりやすいでしょ？
こうやってプラスマイナス両面を提示すると相手が天秤にかけて判断しやすくなりますよ
この商品のプラス面はここでマイナス面はここです
プレゼンにも組み込んで活用しましょう
じゃあ次高津チーム
ドキッ
先輩私たちなんか怖いです～

それから——
新企画
宮川案
本多案
高津案
下
正下
一
本多案に決定

会議室
プレゼン
会議中
正論
んぐぐ…
パチ
パチ
パチ
パチ
賞状
社長賞
企画二
おめでとー

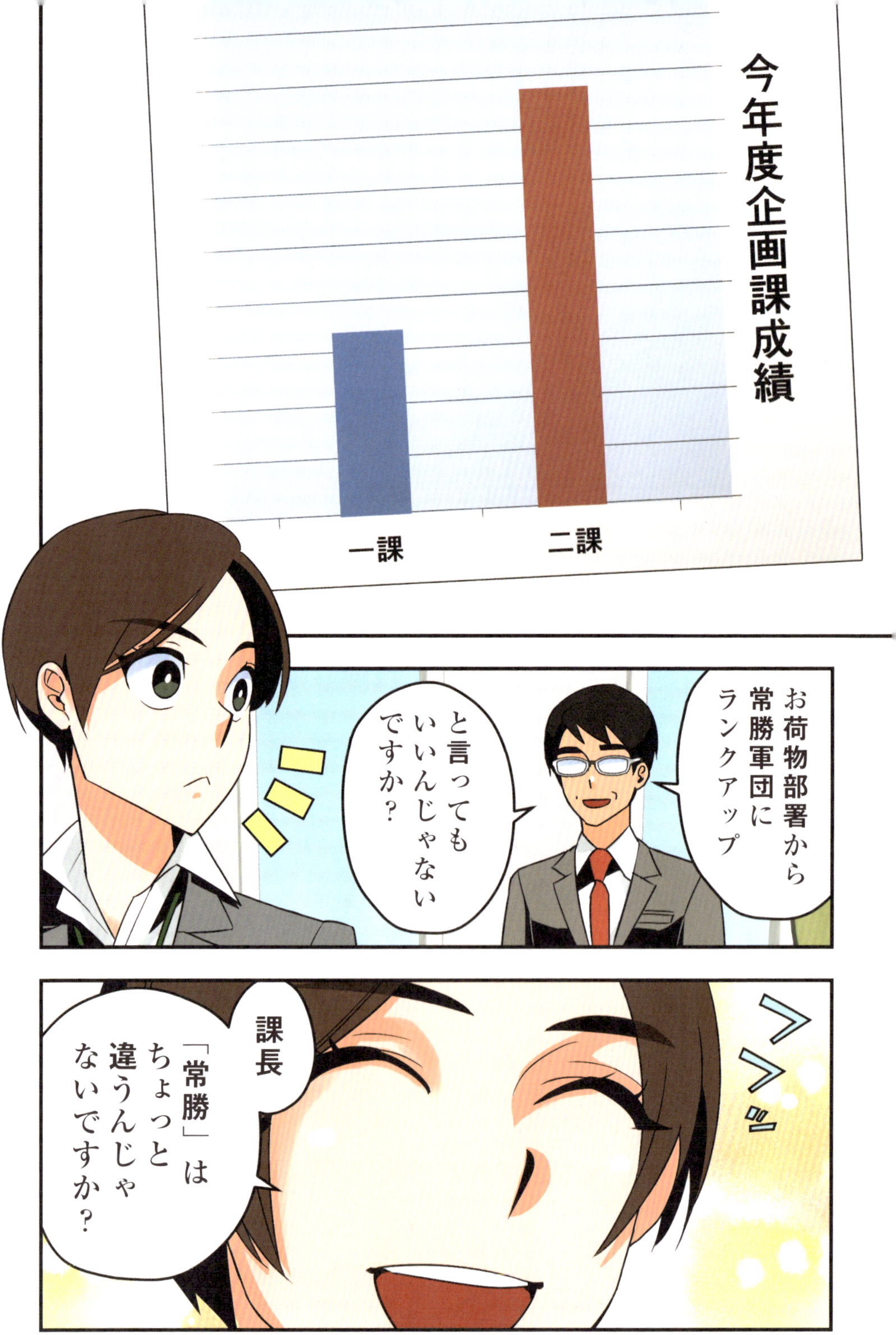
今年度企画課成績
一課
二課
お荷物部署から常勝軍団にランクアップ
と言ってもいいんじゃないですか？
課長
「常勝」はちょっと違うんじゃないですか？

孫子の兵法

百戦百勝《ひゃくせんひゃくしょう》は、善《ぜん》の善《ぜん》なる者《もの》には非《あら》ざるなり。戦《たたか》わずして人《ひと》の兵《へい》を屈《くっ》するは、善《ぜん》の善《ぜん》なる者《もの》なり。

文意 百回戦闘をして百回勝利を収めるのは、最善の方策ではない。実際に戦闘せずに敵の軍を屈服させることこそ、最善の方策である。

P214 CASE 6 「戦わずして勝つ」の極意を知る

社内の課同士は敵ではありません
一課とも「闘う」というよりは互いに「高め合う」ライバルの関係が理想的！

ニコ

ですよね
そのとおり

チーム編
1

メンバーのモチベーションを上げよう!

読み下し文

善《よ》く戦《たたか》う者《もの》は、之《こ》れを勢《せい》に求《もと》め、人《ひと》に責《もと》めずして、之《こ》れが用《よう》を為《な》す。故《ゆえ》に善《よ》く戦《たたか》う者《もの》は、人《ひと》を択《えら》びて勢《せい》に与《したが》わしむること有《あ》り。
《勢篇》

個人の能力より組織としての勢いを重視する

孫子の兵法では、戦巧者《せんこうしゃ》は個人の能力よりも、**組織としての勢いを重視して戦う兵を選**ぶので善戦することができる、と述べられています。

『孫子』の時代、軍隊には農民兵が多くいました。彼らは当然、戦闘能力が高いとはいえず、そんな兵たちを動かして戦に勝利するためには、「勢い」に乗せるしかありません。そして**「勢い」は、個人の能力によらず、士気の高い兵を選んで組織することでマネジメントできる**ものである、と説いているのです。

これは、現代の組織に置き換えてもそのまま通用する論理です。組織が停滞期にあるときこそ、「勢い」をマネジメントして活力を上げ、状況を打破する必要があります。

全員の士気が高まり一丸とならねば組織力は発揮できない

組織として力を発揮するには、チームプレーが重要ですが、メンバーにはそれこそ農民兵から一騎当千の武将までいて、誰もが同じように仕事ができるわけではありません。いくら優れた人材がいても、孤軍奮闘では強いチームにはなりません。彼らに頼るのではなく、**戦闘力の劣るメンバーを勢いに乗せ、チーム全員で士気高く事に当たるようにするのが大切**なのです。

そのように勢いをマネジメントすべき立場にあるのは、上司やリーダーです。しかし組織の規模が大きいほど、彼ら個人でできることもまた限界があり、やはり個々のメンバーの意識が重要になってきます。少なくとも自分がチームの士気を下げるようなことは、避けなければいけません。

ただ、実際にチームの士気を下げている人の多くは、「自分は中間層であり、士気は高くも低くもない」と思っているもの。そういったタイプは、**チームの士気が低いと感じたらまず、自分に責任があるのではないかと疑ってかかる**べきでしょう。

モチベーションを高める3つの要素

「勢＝モチベーション」は、仕事をするうえで欠かせない要素です。心理的な効果もうまく利用して、チームの活性化につなげましょう。

1 目標の魅力

「長年やってみたかった仕事」「成功すれば給料アップ」など、目標や報酬に対する魅力のこと。魅力に感じることは人によって違うので、その人に合った魅力を提示しましょう。

1を高める2つの心理効果

ラダー効果

目先の仕事のことだけでなく、その仕事がどんな意味を持つのか、上位の目的を示す方法。地味な仕事に追われている人に効果があります。

サンクス効果

今やっている仕事が誰の役に立っているのか、社会や顧客、自社にどのくらい貢献しているのかを示す方法。細分化された仕事を分担している人に効果があります。

2 達成の可能性

「これならばやれそう」「手に入れられそう」など、少し頑張れば達成できそうだという実感のことです。達成が難しすぎることだと「どうせ無理だ」とあきらめが先行して逆効果になります。

2を高める2つの心理効果

マイルストーン効果

目標を達成するまでの道のりを数値化や点数化で示す方法。少しずつクリアしていくことで、実現可能という気持ちをアップします。到達度のチェックもしましょう。

フィードバック効果

周囲のメンバーやリーダーがその人の仕事に対して評価を行う方法。自分一人では気づけないことを指摘されることで修正を行えます。プラス面とマイナス面の両方を伝えることが重要です。

3 危機感

「やらなくてはいけない」「やるしかない」と失敗に対する恐怖感。危機感をあおればメンバーの力は引き出せますが、組織が疲弊するだけの場合もあるので注意が必要です。

3を高める2つの心理効果

ライバル効果

他者に負けたくないという競争心をあおる方法。営業職などでは容易に行えますが、その他の部門ならば技術や知識量などで競争させるなどの工夫を。

コミットメント効果

大勢の人の前で達成目標などを宣言させて、引くに引けない状況を演出する方法。「言ったからには責任を持つ」「できなければ恥ずかしい」という気持ちを刺激します。

チーム編 2

チームの意思統一はどうすればいい？

読み下し文

鼓金《こきん》・旌旗《せいき》なる者《もの》は民《たみ》の耳目《じもく》を壱《いつ》にする所以《ゆえん》なり。民《たみ》既《すで》に専壱《せんいつ》なれば、則《すなわ》ち勇者《ゆうしゃ》も独《ひと》り進《すす》むを得《え》ず、怯者《きょうしゃ》も独《ひと》り退《しりぞ》くを得《え》ず。此《こ》れ衆《しゅう》を用《もち》うるの法《ほう》なり。《軍争篇》

能力に差のあるメンバーをいかに同じ方向に導くか

『孫子』の時代の戦において、鼓金《こきん》（鳴り物）や旌旗《せいき》（旗）というのは、兵士たちの耳や目に、進軍のタイミングや向かうべき場所を伝えるものでした。つまり鳴り物や旗は、兵士たちの意思を統一するための大切な道具だったのです。孫子の兵法では、**こうした道具を使ってうまく兵の心を束ねることが大部隊を動かすコツ**だと説いています。

組織においては、仕事のできる人ほど先走りしがちで、逆にあまりできない人は仕事自体をすることを嫌がるものです。メンバーにそうした能力差があるのは自然なことであり、それでも**全員で足並みをそろえて進まなければ、組織として高い成果を上げることはできません。**

危機感で意思を統一 全体の戦術の中で自らの役割を考え動く

現代の組織というのは、役割が細分化し、全員で意思を統一することは難しくなっています。

しかし、**各人がまったく別の仕事をしている状況であっても、全体としてはやはり調和してひとつの目標に向かわなければ、組織の力は発揮できません。**

サッカーを例にとるなら、チームとしての成果は勝つことです。それを達成するために監督は戦略を立てます。プロの試合では、一見すると各人がばらばらに走っているようでも、実は選手たちは全体の戦術と自らの役割を把握したうえで動いています。ビジネスにおいても、こうした動きができることが強いチームの条件といえます。チームメンバーにそれぞれの役割を把握させるのはリーダーの務めです。上の立場から指示を出すだけでなく、意識と目標を全員で共有できるような工夫をしていきましょう。

チームの意思統一をする方法

人数の多いチームは上からの命令だけではうまく機能しないことがあります。目標・手段・障害などを共通認識として示しましょう。

手順1 目標を伝える

自分が何をしたいのかをはっきりとチームの全員に伝えます。

例 営業部の売上倍増

手順2 価値を伝える

目標の中で何が重要なのかを決定して共有します。

例 新規顧客の獲得

手順3 手段を伝える

目標達成のためにどのように動くか具体的な方法を決めます。

例 1日10件の飛び込み営業

手順4 障害を伝える

目標達成の妨げになるものが何かを特定します。

例 他社より価格が高い

手順5 数字を伝える

目標を数値化したものをチームで共有します。

例 1億円→2億円

手順6 成果を発表する

目標に対してどのくらいの到達度にあるのかを定期的に報告します。

例 今週は3件の新規顧客獲得

チーム編

3

少数グループをつくって効率アップ！

読み下し文

衆《しゅう》を治《おさ》むること寡《か》を治《おさ》むるが如《ごと》くするは、分《ぶん》数《すう》是《こ》れなり。《勢篇》

全体を統一するには組織を少人数に分割して管理すべし

孫子の兵法では、大部隊であっても、それを小部隊に分けて編成し、それぞれを管理していくことで整然と治められると説いています。

こうして**組織を少数のグループに分けたうえで物事を進めていくやり方**は、日常の仕事にも応用することができます。

例えば10名の部署で何かを決める際、全員の意思統一を図るにはかなりの時間と労力を要するでしょう。それぞれに作業を分担しようにも、やる気に温度差があればペースがそろわず、非効率です。

そういうときには、まず**少数による「ワーキング・グループ」を作って大筋を固めてしまう**ことで、その後の仕事がスムーズにいきます。士気の高いメンバー2～3人で集まって意見を統一し、それを全員に披露して共有していくという手法です。

ゼネラリストによる少数精鋭のチームで大筋を固める

「働きアリの法則」と呼ばれる組織論があります。１００匹のアリを観察すると、実際に働くのは80匹ほどであり、残りの20匹は仕事をサボることがわかります。そこで「サボり組」の20匹を取り除くと、それまで働いていた80匹のうちの約2割が、やはりサボり始めるといいます。人間の組織も同様で、ある程度の人数が集まると、そのうち2割程度は、休もうとするものです。

それを防ぐには、やはり少人数のグループに分けるのが有効です。例えば3人で協働するなら、自らがサボると成果にはっきりとした影響が表れるため、サボるわけにはいきません。

少数精鋭のグループを作るにあたって、注意点がひとつあります。それは、できる限り**「ゼネラリスト」でメンバーを構成すること**です。専門家同士が集うと、どうしても意見が偏り、平行線をたどりがちです。さまざまな部署を経験したゼネラリストならば、フラットな立ち位置で、全体を納得させられるバランスのいい意見を提案できます。

少人数制

チームの人数が多くなると機動力が落ち、サボる人も多くなるものです。
人数を細かく分けることで効果アップが図れます。

働きアリの法則とは

あまり働かないアリを排除しても、働いているアリの中から再びあまり働かないアリが出てきてしまうという法則。よく働くアリを抽出しても同じ割合になってしまいます。これは人間にも当てはまるとされています。

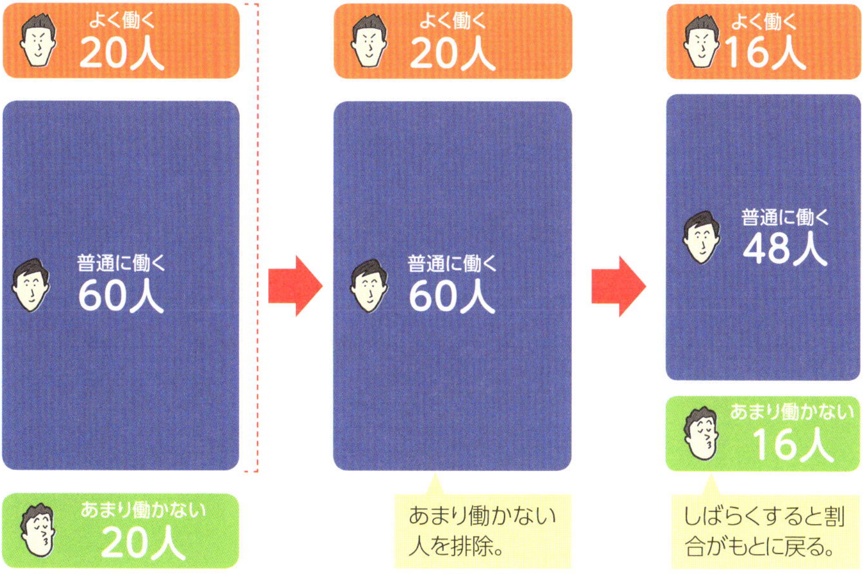
よく働く 20人
普通に働く 60人
あまり働かない 20人
よく働く 20人
普通に働く 60人
あまり働かない人を排除。
よく働く 16人
普通に働く 48人
あまり働かない 16人
しばらくすると割合がもとに戻る。

少人数チームで働きアリの法則を回避!

人数が多くなると、働きアリの法則が発動してしまいます。これを回避するにはひとつの集団を少人数に分けるのが効果的です。少人数チームの中で１人がサボってしまうと、大変なことになるので、サボれなくなります。また、少人数であれば意思の疎通が図りやすくなるため、何かを決断するときのスピードが早くなるメリットも生まれます。

チーム編 4

会議は短く簡潔に行うが鉄則！

読み下し文

兵《へい》は詐《さ》を以《もっ》て立《た》ち、利《り》を以《もっ》て動《うご》き、分合《ぶんごう》を以《もっ》て変《へん》を為《な》す者《もの》なり。《軍争篇》

現代の組織に必要なのは変幻自在の機動力

武田信玄が旗印としたとされる「風林火山」は、孫子の兵法から来ている言葉です。これは軍隊の動き方を形容したものですが、その前文としてあるのが、この一文です。軍隊は、敵を欺《あざむ》き、利があれば動き、分散と集合を繰り返して変幻自在に動くべき、という意味となります。

この兵法で特に注目したいのは、**分散と集合を繰り返し変幻自在であること**、です。

ビジネスのスピードがとにかく速い現代では、組織において、**必要に迫られればさっと集まり、決めるべきことをスピーディに固め、すぐに分散して実現へと動き出すような機動力**が求められています。しかし横並びの合意を重視する風潮が根強い日本では、大人数で会議室を押さえ、だらだらと時間をかけて話し合い、それでも意見がまとまらない……という光景がよく見られます。

会議は5分数人で集まりさっと意見をまとめる

欧米の企業では、**横並びの合意や細かな承認よりも、合理性や効率を重視**します。会議をやるにしても、まさに「分合を以て変を為す」というように、3～4人がさっと集まり立ち話をして、10分もしないうちに解散することが多いようです。部署の壁もなく、きわめてフレキシブルに会議を行っています。

このように組織にスピード感を持たせるためには、まず**2～3人による会議を習慣化させる**のがいいでしょう。会議の時間は5分で区切り、ひとりの発言は15秒以内とします。お互いの意見は否定せず、相手のいいアイデアの部分に自分の意見を積み上げるように進行します。そうして最後には必ず、意見をひとつにまとめる、という条件をつけておきます。

こうした会議で自分の意見を効率的に伝えるには、事前の準備が必要になりますし、会議自体も短時間で結論を出さねばならないため集中して行うようになります。

悪い会議の特徴

「仕事が忙しいのに時間を取られて鬱陶《うっとう》しい」「時間の無駄だ」と思うのは、
間違った会議の進め方をしているせいです。

1 参加者は多いけれど発言する人がいつも同じ

沈黙している人が多く、発言するのは社長や部長ばかり……。会議は上下関係を気にせずに自由に意見を主張し、物ごとを決定する場です。上司から部下に意見を積極的に求めていきましょう。

2 資料を会議開始時に読み上げる

資料の読み合わせ時間ほど無駄なものはありません。会議資料は事前に配り、会議では議題に対する意見交換から始めましょう。資料を読んでいないというのは怠慢《たいまん》です。

3 キーパーソンが参加していない

議論した内容に対して決定権を持ち、それを実行できる人がキーパーソンです。決定権を持たない人が何人集まっても無駄です。

4 ダメ出しばかりで何も決まらない

発表を途中で遮《さえぎ》ったり、真っ向から否定する意見を上司が言うと、発表者は発言しにくくなります。まずは最後まで傾聴し、そのうえで議論を戦わせるのが筋です。

いい会議の特徴

自分の作業時間を奪われてしまうだけなら短い会議のほうがいいと思うでしょう。
しかし、短ければいい会議というわけでもないのです。

1 事前準備がしっかり行われ会議自体は短時間で終わる

事前に論点が整理できていると議論に集中でき、建設的な会議になり、時間も短縮できます。議論が白熱して延びる分には問題ありません。

2 会議の結果がすぐに実行される

会議の結果がすぐに実行されるのが、意義のある会議といえます。参加者も意見が成果に反映されていると分かり、自然と積極的になります。

チーム編

5

会議ではプラスとマイナスを明確に！

読み下し文

智者《ちしゃ》の慮《りょ》は、必《かなら》ず利害《りがい》を雑《まじ》う。利《り》に雑《まじ》うれば、故《すなわ》ち務《つと》め信《まこと》なる可《べ》し。害《がい》に雑《まじ》うれば、故《すなわ》ち憂《ゆう》患《かん》解《と》く可《べ》し。《九変篇》

物事に潜む″利″と″害″を冷静に比較検討する

孫子の兵法では、物事の利益と害を比較検討し、利益の中にある害、害の中にある利益を見極めることで実現性が高まる、と説いています。

何かを判断する際、**プラス面とマイナス面を比べたうえで決定する**というのは一見、当たり前に思えるかもしれません。しかしビジネスの場でそれを実行し続けるのは難しいものです。例えば、力のある上司がプッシュしている企画に対しては、ネガティブな発言をしづらいでしょう。あれやこれやとマイナス面を挙げれば、「臆病者」や「保守的」というレッテルを張られかねません。逆もしかりで、多くの人が否定的な企画は、その中にプラスの部分があっても、見過ごされてしまいます。

弱点と強みは表裏一体 詳細に検討し見極めたうえ判断する

企画会議などにおいて、どんなときでも冷静に″利益″と″害″を判断するためには、「**あらゆる提案や企画には、いい面と悪い面がある」とあらかじめ断じたうえで進める**ことです。

具体的なやり方としては、検討すべき材料をしっかり洗い出してから、ホワイトボードの中央に線を引き、左をプラス面、右をマイナス面として振り分けていくと分かりやすいと思います。その際のポイントは、ただ漠然と考えるのではなく、「箇条書きでそれぞれ5つ挙げる」というようにノルマを課すことです。そうすると、ノルマに達するまでは強制的に考え続ける必要があるので、より詳細に内容を点検できます。

材料が出そろったら、プラス面の中にマイナスはないか、逆にマイナス面の中にプラスはないかを検討します。実はこれがとても重要で、**弱点の中に最大の強みが潜んでいたり、強みと思われていたことが可能性を狭める要因となっている**ことがあります。

そのうえで利害を天秤にかけ、判断を下せばいいのです。

プラス・マイナス両面を見る

物ごとには、必ずいい面と悪い面があります。
先入観にとらわれず、必ず両面を見るようにしましょう。

ケース1 成功が約束されているプロジェクトでも必ずマイナス面(リスク)は考えておく

マイナス面(リスク)をリカバリーできるような案も同時に考えておけば、想定外のことが起きたときに落ち着いて対処できます。

具体例

- 資金は正確に見積もられているか
- 作業者の経験は不足していないか
- 新技術が出ていないか
- 情報の隠蔽はされていないか　など

ケース2 失敗に終わりそうなプロジェクトでもプラス面があるかもしれないと考える

たとえ失敗になるプロジェクトでも、有用な面はあるもの。冷静になって、よい面を探すことが大切です。

具体例

- 別の企画に転用できる案はないか
- ターゲットを変えたらいけるのではないか
- 弱点に見えるがセールスポイントになるかもしれない　など

会議に活かすノウハウを知ろう

プラス・マイナス両面を見る習慣ができたら、
それを会議に活かせるように実践していきましょう。

[実践するときの具体的な手順]

1. ホワイトボードの**中央に縦線を引く**。
▼
2. **左右にプラスとマイナス**を振り分ける。
▼
3. 箇条書きでノルマとして**最低5項目ずつ挙げる**。

チーム編 6

「戦わずして勝つ」の極意を知る

読み下し文

百戦百勝《ひゃくせんひゃくしょう》は、善《ぜん》の善《ぜん》なる者《もの》には非《あら》ざるなり。戦《たたか》わずして人《ひと》の兵《へい》を屈《くっ》するは、善《ぜん》の善《ぜん》なる者《もの》なり。《謀攻篇》

ビジネスの勝負は戦う前の段階ですでに決している

交渉ごとやプレゼンというのは、その場限りの「一発勝負」ではありません。それに至るまでの情報収集と戦略が、極めて重要です。取引先や顧客のニーズはどこにあるか、競合はどんな戦略を立てているのか、社会情勢や流行の動向はどうか、上司は何を思っているか……。押さえておくべき情報は多岐にわたります。そうした事前の情報収集が、実際の〝戦場〟における勝敗を分けます。つまり、戦わずしてすでに勝負はついているともいえるでしょう。

孫子の兵法でも、**百戦して百勝するより、戦わずに敵の兵を屈服させることこそ最善の方策**である、と説き、再三にわたって事前の情報分析が最重要であると言っています。

戦略的思考を習慣化することで心の負担が軽くなる

仕事においては、できる限り情報を集め、それを判断材料としてどのように動くか決めていくというやり方が王道です。交渉ごとやプレゼンも、その**舞台にたどり着くまでの綿密で地味な準備に極意があります**。

取引先との交渉に失敗したらどうしようと考えて気が重くなったり、プレゼンがうまくいかないと上司の機嫌を損ねそうで胃が痛くなったりと、人間関係について必要以上に気に病んでしまう人が多いように思います。しかし孫子の兵法を見ればわかるように、成果を最優先として戦略を立てていけば、**自分の気持ちよりも「合理性」をよりどころとして判断できる**ため、心の負担が減ります。人間関係も「後の提案を通しやすくするため、ここは戦略的判断として、上司の機嫌を取っておいたほうがいい」というように、合理的に考えることができるはずです。そうした思考を習慣化するためにも、孫子の兵法を日常のさまざまなシーンに当てはめ、活用してみてください。

目的は「戦う」ことではなく「勝つ」こと

避けられる戦いは徹底的に避けるのが孫子の兵法の極意です。
逃げることがあっても、最終的に勝っていればいいのです。

極意 1 同じ土俵では戦わないようにする

いくら自分のほうが優れているとしても、真っ向勝負では自身が消耗してしまうだけです。同じ土俵に上がらず、相手が手をつけていない分野や、少し違った角度からの戦略を用いて勝負しましょう。

極意 2 情報を得るための労力を惜しまない

誰も手をつけていない分野を見つけるには、情報を制する必要があります。手間とコストを惜しまずに投資しましょう。たとえ情報を得た結果、勝負できなかったとしても、見切り発車で火傷しなかった分、負けではないのです。

極意 3 相手を味方に引き入れよう

大手企業が同業他社をM&Aで取り込んでしまうように、ライバルは戦うよりも味方にしてしまえばよいのです。味方に引き入れるときには痛めつけて屈服させるのではなく、相手も傷つけないようにすることが肝心です。

極意 4 感情よりも戦略的思考を優先

「感情と切り離して割り切る」のが戦略的思考です。社内で嫌いな相手がいても、嫌だ嫌だと言っていてはストレスを溜めるだけ。「こうおだてるとこの人は喜ぶ」など、分析して実行したほうが、お互いのためになります。

齋藤流
仕事に生きるアイデア

LET'S TRY!

6

過去も手帳に記録して仕事のペースをつかむ

小さなグループから出発して大きな集団を管理・運用していく手法は（➡P208）、人の集団以外にも活用できます。

効果的なのが**時間の使い方に当てはめた場合**です。締め切りがずっと先にある長期の仕事だと、時間と労力の配分がわからず、間際になって忙しくなるということは誰にでもある状況でしょう。忙しくなると、ついオーバーワークになりがちで、本人だけでなく周囲の人にも迷惑をかけてしまいかねません。どんな作業にどの程度の時間をかけるのかを把握し、自分なりのペースを確立できていれば、そのような状況に陥ることはありません。

自分の仕事のペースをつかむのに役立つのが**スケジュール手帳**です。普通は先々の予定を書き込むだけに使っていると思いますが、ここに**過去の出来事や仕事した内容も記録していく**のです。しばらく記入を続けていると、自分がどんな仕事にどれだけの時間を費やしているのか、進み具合はどの程度なのか、１日単位ではっきりと見えてきます。当初の予定からどのくらいずれているのかといったことも、わかるようになります。１日単位になった記録を眺めていると、**自分のペースがつかめるようになり、改善すべき点が明確になってきます**。

この手法と同じことをしているのが「業務日報」です。会社によっては１日の終わりに提出を義務づけているところもあるでしょう。これを上司に提出しておしまい……では、もったいないのです。自分で見直してみることをおすすめします。毎日の記録を積み重ねていけば、無駄なくゆとりを持って取り組めるようになるでしょう。

齋藤流
仕事に生きるアイデア

LET'S TRY!

7

ブレーンストーミングで士気を高める

機動力のあるチームを育てるのに効果的なのが**ブレーンストーミングの習慣化**です。すでに行っている会社も多いと思いますが、いつもの会議と変わらなかったり、雑談で終わってしまったりというように、そのメリットを正しく享受《きょうじゅ》しているところは少ないのではないでしょうか。

ブレーンストーミングを**成功させるにはいくつかの条件設定が必要**です。「少人数で行う」「時間を５分で区切る」「１人の発言は15秒以内にする」「お互いを名前やあだ名で呼びあう」「お互いのアイデアを否定しない」「いいアイデアが出たら拍手とともにほめる」などです。そして終わりには、必ずチームとしてひとつのアイデアをまとめて発表するといったゴールを用意します。

とにかく短時間でアイデアをまとめるには、**脳をフル回転させて誰かのアイデアに乗っかっていく**のが、手っ取り早いです。そのような流れになるとアイデアを素早くパス回ししていくことが可能になり、場は非常に盛り上がります。参加者の脳が嵐に揉《も》まれるようにかき混ぜられて、**チームとしてひとつの「仮想脳」が形成される**ことになり、当然チームとしての一体感も生まれます。

少人数のチームでメンバーを入れ替えながら何度も行えば、多くの仲間たちの人となりが分かってきます。わざわざ飲み会などのイベントを企画しなくても、**チームの距離感は縮まり、横の連携が強化**されます。

一度正しいブレーンストーミングを経験すると、参加メンバーから「もっとやりたい」という声が上がるでしょう。わずかな時間と適切なテーマさえ提示できれば、部下の士気を簡単に上げることができます。

エピローグ
西東電機
二課に飛ばされてから
はや一年
私は孫子の兵法から
いろいろなことを
学んだ
孫子の兵法
超訳!
敵を知り
仲間を知り
『戦《いくさ》』でいかに
戦うべきか
すべてがここに
記されていた
そして……

孫子の兵法
超訳
孫子の時代の『戦』は現代における『ビジネス』なのだ
~~婚期を逃した女~~
『孫子』を知った女
麻生千夏（[redacted]歳）

西東電機
社長室
孫子の兵法
孫子の兵法をビジネスで活用する——
例のプロジェクトはどうかね？
ええ 万事順調です

経営者でなくても効果ありか
思惑通りです
ニコ
麻生くんには急な異動で悪かったがね
それでも彼女ならきっと孫子の兵法を使いこなせると思っておったよ
西東電機社長
松平和信（65）
ではさっそくで悪いが次の計画を進めてもらおう
御意
孫子の兵法

〜おわり〜

まだまだある！

仕事に活かせる 孫子の兵法

本書でここまでに紹介した以外にも、孫子の兵法はまだまだあります。これまでに学んだ『孫子』のエッセンスと合わせて学び、仕事に活かしていきましょう。

善《ぜん》なる者《もの》は、道《みち》を脩《おさ》めて法《ほう》を保《たも》つ。故《ゆえ》に能《よ》く勝敗《しょうはい》の正《せい》と為《な》る。法《ほう》は、一《いち》に曰《いわ》く度《たく》、二《に》に曰《いわ》く量《りょう》、三《さん》に曰《いわ》く数《すう》、四《よん》に曰《いわ》く称《しょう》、五《ご》に曰《いわ》く勝《しょう》。

《形篇》

解説 戦闘に優れた者は、勝敗の道理を実践しており、原則を忠実に守るからこそ、思うがままに勝敗を操る支配者となれる。その原則とは、第一に戦場までの距離を測り、第二に輸送できる物資の量を割り出し、第三に送り込める兵の数を試算し、第四に敵味方の兵力差を比較し、そして第五に勝利を確定させてから動くことだ、という意味。

つまり、何かを始めるときは、やはり準備が大切なのだと説いているといえます。数値を出せるものはすべて測り、石橋を叩いて渡るような念入りな調査をしてから、仕事にも臨むべきなのです。

善《よ》く敵《てき》を動《うご》かす者《もの》は、之《こ》れに形《かたち》すれば、敵《てき》必《かなら》ず之《こ》れに従《したが》い、之《こ》れに予《あた》うれば、敵《てき》必《かなら》ず之《こ》れを取《と》る。此《ここ》を以《もっ》て之《こ》れを動《うご》かし、卒《そつ》を以《もっ》て之《こ》れを待《ま》つ。

《勢篇》

解説 上手に敵を動かせる者は、何らかの形で挑発したり、エサをちらつかせたりして敵を動かす。このような方法で敵を狙った場所におびき寄せ、待ち構えるのだということ。

つまり、自分がどのような態度をとれば、相手がどう動くのかを知っていれば、簡単に相手を操れるのだと説いています。仕事においても「人をどう動かすか」は大切です。人が何に興味を持ち、どうすれば心が動くのか、よく観察するとよいでしょう。

朝《あさ》の気《き》は鋭《えい》、昼《ひる》の気《き》は惰《だ》、暮《く》れの気《き》は帰《き》。

《軍争篇》

解説 朝の気力は充実しているが、昼にはだらけ、夜にはしぼんでいるもの、という意味。

つまり、攻撃を仕掛けるなら、一番気力のない昼か夜がよいと説いています。こういった時間による気力の変化は、今も昔も同じもの。仕事で上司に何かのおうかがいを立てるときは、ぼんやりしがちな昼か、疲れている夜がいいかもしれません。

高陵《こうりょう》には向《む》かう勿《なか》れ、倍丘《ばいきゅう》には迎《むか》うる勿《なか》れ、佯北《しょうほく》には従《したが》う勿《なか》れ、囲師《いし》には闕《けつ》を遺《のこ》し、帰師《きし》には遏《とど》むる勿《なか》れ。此《こ》れ衆《しゅう》を用《もち》うるの法《ほう》なり。《軍争篇》

解説 高い丘に陣取る敵に対して攻め上ってはいけない。丘を背にして攻撃してくる敵を迎撃してはいけない。偽りの敗走をしている敵を攻撃してはいけない。敵を包囲したら逃げ道を残しておき、国に帰ろうとしている敵を遮ってはいけない。これらが大軍を扱うための法則だ、という意味。

戦う相手の見極めも非常に大切です。有利な状況にある敵や、追い詰められた敵との戦いはリスクが大きいため避けましょう。

紛紛紜紜《ふんぷんうんうん》、闘乱《とうらん》するも乱《みだ》る可《べ》からず。渾渾沌沌《こんこんとんとん》、形円《かたちめぐ》るも敗《やぶ》る可《べ》からず。《勢篇》

解説 指揮系統の軍律が徹底している軍隊は、糸がもつれ合うような混戦状態になっても、混乱に陥ることはありません。しかし将軍は、軍がいつまでも統制を保ち、強くあるものだと思い込んではいけません、という意味。

組織の強さは、放っておいて持続するようなものではありません。組織の体制が整っているからと、そこにあぐらをかいていてはいけないのです。

上《かみ》に雨水《うすい》ありて、水流至《すいりゅういた》らば、渉《わた》るを止《や》めて其《そ》の定《さだ》まるを待《ま》て。《行軍篇》

解説 上流で雨が降って、増水した流れが渡河地点に及んだならば、渡河を中止して水かさが減るまで待ちなさい、という意味。

状況が悪いとわかっているにもかかわらず、計画を変えずに突き進むのは愚策です。仕事には〝時機〟というものが大きく関係します。状況が悪ければ、いったん退く勇気も大事なのだと知りましょう。

諄諄間間《じゅんじゅんかんかん》として、徐《おもむろ》に人《ひと》に言《かた》る者《もの》は、其《そ》の衆《しゅう》を失《うしな》う者《もの》なり。数《しば》しば賞《しょう》する者《もの》は、窘《くる》しむなり。《行軍篇》

解説 上官が静かな口調で兵士に語りかけるのは、兵士の心が離れているためで、やたらと褒美を出すのは、兵士の士気が低下して苦しんでいるため。つまり、上官の態度によって、軍がどのような状態にあるのかが見て取れるという意味。

上司が優しいときには、何か理由があるのかも。優しい言葉をかけられたときは、その裏に何かないか？と、一度冷静になって考えた方がよいかもしれません。

監修者 **齋藤 孝**（さいとう たかし）

1960年、静岡県生まれ。東京大学法学部卒業。明治大学文学部教授。専門は教育学、身体論、コミュニケーション論。著書に『声に出して読みたい日本語』（草思社）、『孤独のチカラ』（新潮文庫）、『読書力』（岩波新書）、『質問力』（ちくま文庫）、『くすぶる力』（幻冬舎）『使える!「孫子の兵法」』（PHP新書）、『こども孫子の兵法』（日本図書センター）など多数。

マンガ家 **阿部花次郎**（あべ はなじろう）

マンガ家・米沢りかのアシスタントを経て、『天満の星よりも』で第67回小学館新人コミック大賞佳作を受賞。おもな著書に『コミック版 100円のコーラを1000円で売る方法』（中経出版）、『マンガ・黄金の接待』（KADOKAWA/メディアファクトリー）がある。

イラスト	中村知史
デザイン	佐々木容子（カラノキデザイン制作室）
DTP	橘 奈緒、KGスカイ、アーク・ビジュアル・ワークス
写真協力	アフロ・フォトエージェンシー、Shutterstock
執筆協力	國天俊治
校閲	聚珍社
編集協力	アーク・コミュニケーションズ

マンガ　齋《さい》藤《とう》孝《たかし》が教《おし》える「孫《そん》子《し》の兵《へい》法《ほう》」の活《い》かし方《かた》

2017年2月10日発行　第1版

監修者	齋藤 孝
発行者	若松和紀
発行所	株式会社 西東社
	〒113-0034　東京都文京区湯島2-3-13
	http://www.seitosha.co.jp/
	営業部　03-5800-3120
	編集部　03-5800-3121〔お問い合わせ用〕

※本書に記載のない内容のご質問や著者等の連絡先につきましては、お答えできかねます。

ISBN 978-4-7916-2527-7